# 中国陆地表层土壤侵蚀敏感性研究

赵志平　李俊生　汉瑞英　翟俊　关潇　著

中国环境出版集团・北京

**图书在版编目（CIP）数据**

中国陆地表层土壤侵蚀敏感性研究 / 赵志平等著 .—北京：中国环境出版集团，2022.12

ISBN 978-7-5111-4990-9

Ⅰ.①中… Ⅱ.①赵… Ⅲ.①土壤侵蚀—研究—中国 Ⅳ.① S157

中国版本图书馆 CIP 数据核字（2021）第 263742 号

审图号：GS 京（2022）0016

**策划编辑** 王素娟
**责任编辑** 范云平
**封面设计** 岳 帅

---

**出版发行** 中国环境出版集团
（100062 北京市东城区广渠门内大街 16 号）
网 址：http: //www.cesp.com.cn.
电子邮箱：bjgl@cesp.com.cn.
联系电话：010-67112765（编辑管理部）
010-67113412（第二分社）
发行热线：010-67125803，010-67113405（传真）
**印 刷** 北京中献拓方科技发展有限公司
**经 销** 各地新华书店
**版 次** 2022 年 12 月第 1 版
**印 次** 2022 年 12 月第 1 次印刷
**开 本** 787 × 1092 1/16
**印 张** 10.5
**字 数** 250 千字
**定 价** 78.00 元

---

# 前 言

土地是人类赖以生存的根本，土壤侵蚀是人类赖以生存且日趋紧缺的土地资源退化和损失的主要原因。耕作土壤至少需要 2 400～8 000 年才能形成，所以从人类历史的角度来看，土地资源一旦损失将永远失去。

我国位于欧亚大陆东部、太平洋西岸，介于东经 73°40′～135°2′30″、北纬 3°52′～53°33′，领土辽阔广大，东西相距约 5 000 km，南北相距约 5 500 km，总面积约为 960 万 $km^2$，仅次于俄罗斯、加拿大，居世界第 3 位，差不多同整个欧洲的面积相当。我国是世界上土壤侵蚀最严重的国家之一，土壤侵蚀具有分布广泛、流失总量巨大、侵蚀强度达剧烈程度等特点。

本书参考生态系统敏感性评价方法，基于土壤水力侵蚀预报模型和风力侵蚀预报模型，以及以往学者在水力侵蚀、风力侵蚀和冻融侵蚀敏感性方面的研究，利用 1990—2005 年我国及周边地区气候、地形、植被和土壤 4 个方面的空间数据，在全国尺度上定量计算影响土壤水力侵蚀、风力侵蚀和冻融侵蚀的 9 大因子，然后分别评价土壤水力侵蚀、风力侵蚀和冻融侵蚀敏感性及其变化过程，并分析土壤侵蚀敏感性变化对生态系统功能的影响及主要驱动因子。

研究结果显示，空间上，我国土壤水力侵蚀敏感性较高的地区主要分布在北方的黄土高原，其次是西南部和东南部地区；时间上，1990—2005 年土壤水力侵蚀敏感性总体呈现下降趋势。我国土壤风力侵蚀敏感性较高的地区主要分布在北方的内蒙古以及西北部的新疆和甘肃地区，其次是我国青藏高原中部以及北部的柴达木盆地；时间上，1990—2005 年总体上土壤风力侵蚀敏感性在增强。我国土壤冻融侵蚀敏感性较高的地区主要分布在青藏高原中部；时间上，土壤冻融侵蚀敏感性总体上呈现不断下降的趋势，可能与全球变暖有关。

全书共包括 8 章内容，全部由赵志平撰写，李俊生、汉瑞英、翟俊、关潇指导和参与撰写。

由于作者水平有限，书中难免出现疏漏和错误，恳请读者提出宝贵意见，以便进一步修订与完善。

本书参考了国内外大量研究著作、统计年鉴及其他文献，在此对参考文献的作者表示感谢！

本书的出版得到了“三江源区退化高寒生态系统恢复技术及示范”项目“高寒草地综合利用关键技术及适应性管理研究与示范”（2016YFC0501904）的资助，以及生物多样性调查评估项目（2019HJ2096001006）、环保公益性行业科研专项（201209031）“气候变化下我国生物多样性保护优先区脆弱性评估与保护对策研究”的资助，在此一并致谢！

赵志平

2021 年 12 月

# 目　录

# 第一章

# 研究背景

## 1.1　研究依据

土壤侵蚀（soil erosion）是指地球陆地表面的土壤、成土母质及岩石碎屑，在水力、风力、重力和冻融等外力的作用下，发生各种形式的侵蚀、破坏、分散、搬运和再堆积（沉积）的过程（哈德逊，1975；美国土壤保持协会，1981；柯克比等，1987；拉尔，1991；王礼先，1995；关君蔚，1996；唐克丽，2004）。土壤侵蚀是地球表面普遍发生的一种自然现象，在地球形成以来的漫长历史时期内，地球表层的侵蚀和堆积从未停止过。全球除永冻地区外，均发生过不同程度的土壤侵蚀。土壤侵蚀是世界范围内的环境问题之一，严重的土壤侵蚀不仅破坏土地资源，而且淤塞江河，引起洪水灾害。土壤侵蚀也是人类赖以生存且日趋紧缺的土地资源退化和损失的主要原因，这种损失正在全球悄然进行（刘宝元，2001）。

土壤的水力侵蚀（water erosion），简称水蚀，是地表土壤及其母质在水力作用下发生的侵蚀，雨滴溅蚀和径流的机械冲击、破坏和搬运是主要侵蚀过程（王礼先，1995；关君蔚，1996；唐克丽，2004）。土壤的风力侵蚀（wind erosion）是指松散的土壤物质被风吹起、搬运和堆积的过程，以及地表物质受到风吹起的颗粒的磨蚀过程。其实质是在风力作用下表层土壤中细颗粒和营养物质的吹蚀、搬运与沉积的过程（师华定，2007）。冻融侵蚀和冰雪侵蚀是冰川、融雪对地表的侵蚀作用。表现为冰川的刨蚀、掘蚀和融雪的流水侵蚀，主要发生在高寒山区（王礼先，1995；唐克丽，2004）。

土地是人类赖以生存的根本。土壤的形成速度很慢，每 12～40 年形成 1 mm 厚的土层（Hudson，1971）。耕作土壤至少需要的 200 mm 厚土层，需要 2 400～8 000 年才能形成。所以从人类历史的角度来看，土地资源一旦损失将永远失去。在短时间内，人们一般看不到土壤侵蚀的直接后果，然而它却以每年毫米级或厘米级的速率剥蚀着表层土壤。因此，侵蚀过程就像癌症一样，早期在不知不觉中进行，往往不被人们所察觉，只有到了晚期才会被发现，而一旦发现，为时已晚（刘宝元，2001）。

我国是世界上土壤侵蚀最严重的国家之一，土壤侵蚀具有分布广泛、流失总量巨大、侵蚀强度达剧烈程度等特点。严重的土壤侵蚀破坏了宝贵的水土和生物资源，引起了气候、自然、生态环境的恶化，阻碍了社会经济的发展。土壤侵蚀造成我国土地资源破坏、粮食减产、灾害发生、土壤肥力下降、库塘湖泊淤积、城市安全受到威胁等一系列危害；同时径流挟带的大量侵蚀物质还会污染水源，引起一系列其他的环境问题，严重影响资源、环境和社会经济的可持续发展。虽然目前已经发展出很多的土壤侵蚀评价方法和技术，但是由于我国国土辽阔、地形复杂多变、土壤侵蚀类型多样，土壤侵蚀研究和监测工作还有很长的路要走（肖桐，2010）。

我国人口众多，资源相对紧缺，生态环境承载能力弱。随着国家现代化进程的加快，人口、资源、环境之间的矛盾日益突出。资源和生态环境问题已成为当前经济增长及可持续发展的重要制约因素。水土流失作为我国头号环境问题，已经危及国家的生态安全。我国水土流失比较严重，主要表现在水土流失成因复杂、分布广泛、流失量巨大、侵蚀强度剧烈、危害严重。据遥感普查，1989 年年底，全国水蚀、风蚀和冻融侵蚀面积约为 492 万 $km^2$，占陆地面积的 51.3%。其中，水蚀面积为 179 万 $km^2$，风蚀面积约为 188 万 $km^2$，冻融侵蚀面积约为 125 万 $km^2$。中度以上土壤侵蚀面积为 260.20 万 $km^2$，占陆地面积的 27.1%。我国每年土壤侵蚀总量达 50 多亿 t。严重的水土流失把地表切割成千沟万壑，增加了洪涝及干旱灾害的发生频率，植被破坏、土地退化、生态功能急剧衰退，形成了恶性循环，而不合理的经济活动也加剧了生态环境的恶化。耕地面积逐年减少，沙化面积不断扩展，生态环境恶化，在一定程度上加剧了自然灾害的发生，制约了社会经济的快速发展。在水土流失严重的地区，水土流失每年给当地带来的损失相当于当年区域 GDP 总量的 30% 以上（中国水土保持监测网站，http: //www.cnscm.org/jcwl/qgwl/）。

我国土壤侵蚀、水土流失比较严重的地区包括东北黑土地区、西北黄土高原区、南方红壤丘陵区、沿河环湖滨海平原风沙区等。土壤侵蚀有两种类型，一类是由自然因素引起的，如水力、风力、重力等；另一类是由人为因素引起的，如乱垦滥伐、破坏植被，采矿、修路移动了大量土体却不注意水土保持，从而加剧了侵蚀。

为了防治土壤侵蚀和水土流失，水利部在全国范围内设立了许多水土保持监测站点。监测站点的设立主要依托各流域，数量有限，且监测对象主要为水力侵蚀，在风力侵蚀和冻融侵蚀监测方面几乎空白。

土壤侵蚀敏感性指的是在自然状况下，发生土壤侵蚀的潜在可能性及其程度。土壤侵蚀敏感性评价实际上是在不考虑人为因素的条件下，对容易产生土壤侵蚀的区域的判别，用于评价生态系统对人类活动的敏感程度。

土壤侵蚀防治和国土资源管理需要诊断土壤侵蚀潜在敏感性程度，以便为制定土地管理方案、避免土地退化、防治土壤侵蚀提供依据。在土壤侵蚀监测力度有限、监测不够全面的情况下，以全国尺度研究土壤侵蚀敏感性现状及其变化过程和规律，分析土壤侵蚀敏感性变化的主要驱动因子，对于我国水土保持工作具有十分重要的意义。目前，土壤风力侵蚀、水力侵蚀和冻融侵蚀因子的计算方法已经成熟，对土壤侵蚀敏感性进行评价的理论基础已经形成。

## 1.2　研究内容与框架

本书参考生态系统敏感性评价方法，基于改进通用土壤流失方程（RUSLE）、修正风力侵蚀模型（RWEQ）以及以往学者在水力侵蚀、风力侵蚀和冻融侵蚀敏感性方面的研究，利用1990—2005年我国及周边地区气候、地形、植被和土壤4个方面的空间数据，在全国尺度上定量计算影响土壤水力侵蚀、风力侵蚀和冻融侵蚀的9大因子，然后分别评价土壤水力侵蚀、风力侵蚀和冻融侵蚀敏感性及其变化过程，获得土壤侵蚀敏感性综合指数，并分析土壤水力侵蚀、风力侵蚀和冻融侵蚀敏感性变化对生态系统功能的影响及其主要驱动因子。技术路线如图1-1所示。

## 1.3　研究特色

本书的研究特色和创新性可以概括为：

（1）在全国尺度上，利用气候、地形、土壤和植被等长时间序列可靠数据，选用合适的方法，完成了影响土壤侵蚀敏感性的土壤可蚀性、降雨侵蚀力、土壤湿度、风场强度、年降水量、大于0℃天数、地形起伏度、植被覆盖状况和土壤质地9大因子的计算，并分析了它们的空间分布规律。

（2）综合、发展和改进了前人对土壤水力侵蚀、风力侵蚀和冻融侵蚀敏感性评价的指标体系和分级方法，指标体系更加完善，使用拟合的方法使因子分级具有连续性。

（3）全国尺度上的土壤水力侵蚀、风力侵蚀和冻融侵蚀敏感性评价，能够为我国土壤侵蚀防治和国土资源管理、农业生产发展和避免土壤退化提供重要的科学依据。

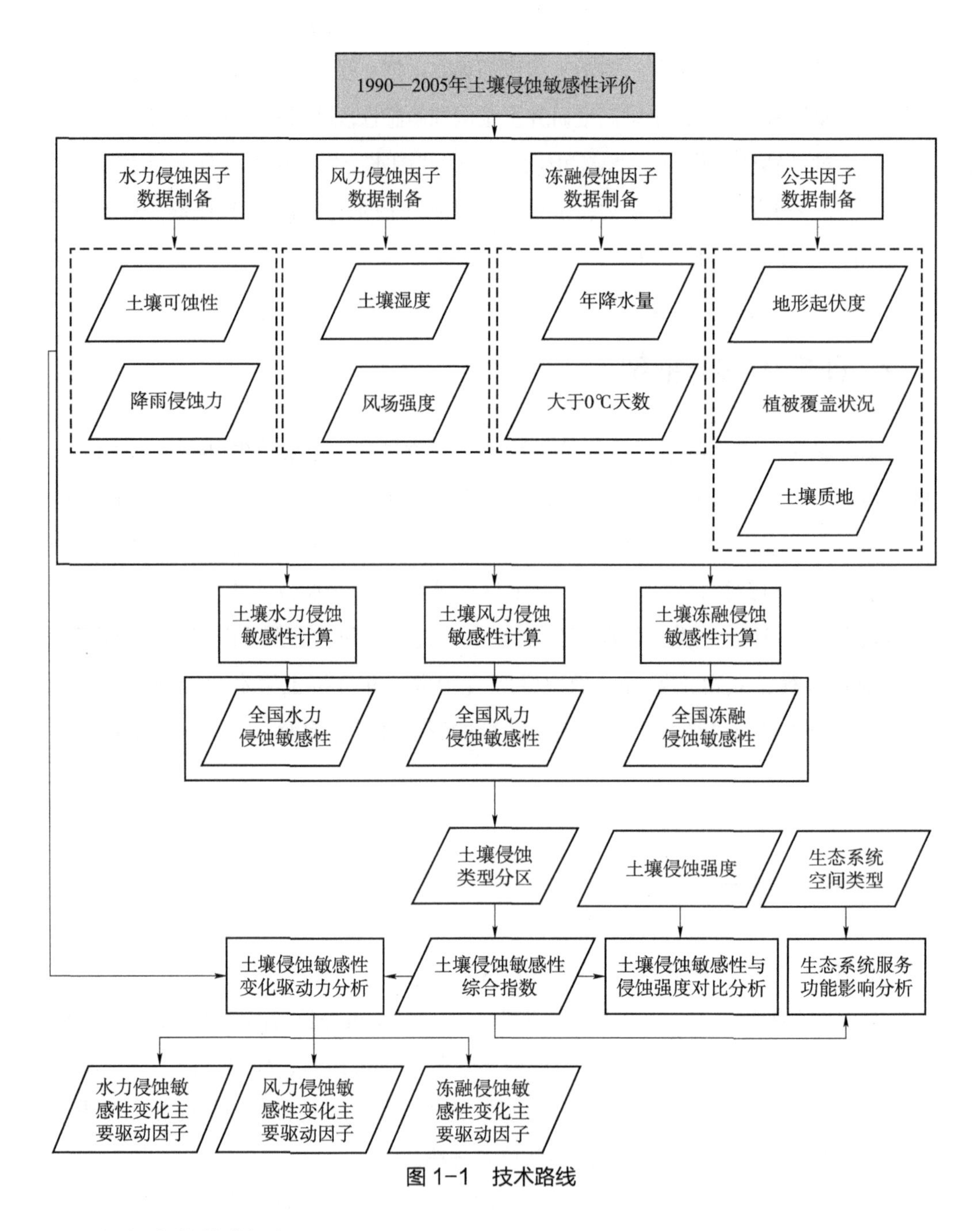


图 1-1　技术路线

拟解决的科学问题包括：

（1）土壤可蚀性、降雨侵蚀力、土壤湿度、风场强度、年降水量、大于 0℃天数、地形起伏度、植被覆盖状况和土壤质地 9 大因子的选取和制定的指标体系以及评价方法能否满足土壤水力侵蚀、风力侵蚀和冻融侵蚀敏感性评价的要求？这 9 大因子是否已经详尽和完整地刻画了土壤侵蚀敏感性的特征？

（2）研究 1990—2005 年中国陆地表层土壤水力侵蚀、风力侵蚀和冻融侵蚀敏感性的区域分布和变化情况，分析在各类型土壤侵蚀敏感性变化中，哪个因子是主要驱动因子。

（3）中国陆地表层土壤水力侵蚀、风力侵蚀和冻融侵蚀敏感性的评价结果与通过遥感方法得到的土壤侵蚀强度空间分布有何异同？陆地生态系统在土壤水力侵蚀、风力侵蚀和冻融侵蚀敏感性变化过程中扮演着何种角色？

# 第二章

# 研究进展

# 2.1　土壤侵蚀

土壤是地球陆地表面具有生命活动、在生物与环境间进行物质循环和能量交换的疏松层（熊顺贵，2001）。土壤是人类赖以生存的物质基础和宝贵的自然资源，珍惜和保护土壤资源、减少土壤侵蚀是全人类共同的任务。土壤侵蚀不仅包括土壤剖面被侵蚀破坏、地表物质被各种侵蚀外营力搬运出侵蚀地点的过程，也包括被侵蚀的地表物质在河谷、湖泊和海洋等低洼地区堆积（沉积）的过程（唐克丽，2004）。

土壤侵蚀可分为自然侵蚀（natural erosion）和人为加速侵蚀（accelerated erosion by human's activity）两大类（唐克丽，1999；唐克丽，2004）。自然侵蚀是指地质时期发生的侵蚀，又叫地质侵蚀、正常（常态）侵蚀，它的发生完全取决于自然环境因素的变化，如地质构造运动、地震、冰川及生物、气候变化等（唐克丽，2004）。人类社会出现后，土壤侵蚀成为自然环境变化和人为活动共同作用的一种结果，并伴随着人类对自然改造能力的增强，逐渐成为当今世界资源和环境可持续发展面临的重要问题之一（唐克丽，2004）。

## 2.1.1　土壤侵蚀类型

土壤侵蚀按不同的外营力可进一步划分为水力侵蚀、风力侵蚀、重力侵蚀、冻融侵蚀和冰雪侵蚀五大类。

水力侵蚀，简称水蚀，是地表土壤及其母质在水力作用下发生的侵蚀，雨滴溅蚀和径流的机械冲击、破坏、搬运作用是主要侵蚀过程（王礼先，1995；关君蔚，1996；唐克丽，2004）。水蚀是最主要的土壤侵蚀类型，包括面蚀和沟蚀两种主要表现形式。面蚀（sheet erosion）是指分散的地表径流从地表冲走表层的土壤颗粒。面蚀现象主要发生在没有植被或植被稀少的坡地上。我国多数学者也将细沟侵蚀归为面蚀。面蚀是由坡面径流引起的，由于坡面径流的特点是无固定方向和冲力较小，因此，从地面带走的仅是表层土壤颗粒。根据侵蚀方式和表现形态，面蚀可以分为溅蚀、层状面蚀、细沟状面蚀、砂砾化面蚀和鳞片状面蚀。面蚀的强度取决于坡面风化产物的数量与特性，以及地面径流强度。沟蚀（gully erosion）是指集中水流对地表的侵蚀，其特点是在侵蚀地表形成明显的侵蚀沟，侵蚀过程表现为沟壁坍塌扩展、沟床下切和沟头溯源侵蚀。沟蚀的影响面积不如面蚀大，但沟蚀对土壤的破坏程度远比面蚀严重，在倾斜坡面以及多暴雨、植物稀少、覆盖厚层疏松物质的地区，表现最为明显，如黄土高原地区。主要的沟蚀类型有浅沟、切沟、冲沟、河沟（唐克丽，1999）。

风力侵蚀，简称风蚀，是指地表砂粒类松散物质在风力作用下脱离地表的运移过程。风蚀可分为吹蚀和磨蚀两种类型，前者为单纯风力作用，后者为风沙流的侵蚀作用。在风蚀的作用下，地表松散颗粒的运动方式主要为悬移、跃移和表层蠕移三种形式（Middleton，1930；Bouyoucos，1935；Woodburn et al.，1956；Dusan，1982；拉尔，1991；唐克丽，1999；孙其诚等，2001）。风蚀主要发生在干旱、半干旱气候区和遭受周期性干旱的湿润地区。风蚀可导致地面粗糙化、荒漠化及蘑菇状风蚀地貌的出现。在陡峭的岩壁上，经风蚀形成大小不等、形状各异的小洞穴和凹坑，称为风蚀壁龛；孤立突起的岩石，经长期风蚀，易形成柱状，称风蚀柱，或形成顶部大、基部小的形似蘑菇的岩石，称风蚀蘑菇；由松散物质组成的地面，经风吹蚀，形成宽广而轮廓不大明显的风蚀洼地；干旱、半干旱气候区沙粒及岩石碎屑被吹蚀后，石砾或基岩裸露，称为砾漠或石漠（戈壁）。在风蚀、水蚀复合侵蚀区域，风蚀可加剧沟蚀的发生（师华定，2007）。

重力侵蚀，又称块体运动（mass movement），是斜坡上的岩土体在自身重力作用下向临空面发生的位移现象，主要表现为崩塌、泻溜、滑坡（王礼先，1995；唐克丽，1999；唐克丽，2004），常见于山地、丘陵、河谷和沟谷的坡地上。以重力侵蚀为主，伴有水力侵蚀的有崩岗、泥石流。重力侵蚀的发生往往需要特殊的地质、气候条件，其发生区域也相对较小，但由于滑坡、泥石流等重力侵蚀具有突发性、灾害性的特点，其危害十分突出。

冻融侵蚀和冰雪侵蚀是冰川、融雪对地表的侵蚀作用。表现为冰川的刨蚀、掘蚀和融雪的流水侵蚀，主要发生在高寒山区（王礼先，1995；唐克丽，2004）。

### 2.1.2 土壤侵蚀研究

在农耕时代，人类就逐渐认识了土壤侵蚀和河流泥沙输移现象，对于其危害也形成了统一的认识。国外采用系统的科学观测方法对土壤侵蚀现象进行研究从19世纪末期才真正开始。1877—1895年，德国土壤学家沃伦（Wollny）完成了土壤侵蚀的第一个科学实验，在他的试验小区内进行了植被和地面覆盖物对防止降雨侵蚀和防止土壤结构恶化的影响，以及土壤类型和坡度对径流和冲刷的影响的观测。俄国土壤学家道库恰耶夫也在19世纪末开展了土壤侵蚀调查及防治试验方面的工作（哈德逊，1975；拉尔，1991；唐克丽，2004）。

20 世纪 20—50 年代中期，美国农业部与一些拥有联邦赠地的州立大学合作，在 26 个州建立了 48 个土壤侵蚀研究站，对土壤侵蚀开展了系统的定位观测研究。研究人员通过测定农地试验小区和单一作物的小流域在自然降雨条件下产生的径流和土壤流失量，研究了地形、作物种类、种植模式、管理技术及可能的侵蚀防治措施对土壤侵蚀的影响，并且对各种影响的大小做了定量测定，筛选出土壤侵蚀最主要的 6 个影响因子（降雨侵蚀力因子、土壤可蚀性因子、坡长因子和坡度因子、作物管理因子、侵蚀防治措施因子），并在大量观测数据的基础上对各因子进行了量化，于 20 世纪 60 年代确立了著名的通用土壤流失方程（USLE）和改进通用土壤流失方程（RUSLE）（Wischmeier et al.，1960；Wischmeier et al.，1955、1969、1972、1976；Meyer，1984；Renard et al.，1997）。

风蚀的早期研究只是针对风蚀现象的简单描述，主要的科学认识也是通过考察与探险获得。1903 年，瑞典探险家 S. A. Hedin 用“雅丹”一词来描述垄脊等风蚀地形（Hedin，1993）。E. E. Free 在 1911 年用“跃移”和“悬移”来表征土壤颗粒的运动过程（Free，1990）。20 世纪 30—60 年代，R. A. Bagnold 建立了“风沙和荒漠沙丘物理学”的理论体系，从而使得风蚀研究进入了动力学研究的新领域（Bagnold，1933、1935、1937、1938、1941）。进入 20 世纪 60 年代中期，土壤风蚀的研究重点转向了土壤风蚀防治原理和风沙工程，这一时期的一个重要成果就是诞生了世界上第一个通用风蚀方程——WEQ（Woodruff，1965）。进入 20 世纪 80 年代后，土壤风蚀预报模型发展成果包括美国农业部建立的风蚀预报系统 WEPS、修正的风蚀模型 RWEQ、得克萨斯侵蚀分析模型 TEAM 等。进入 20 世纪 90 年代后，随着 GIS 的引入，风蚀模型朝着空间化、分布化的方向发展（杨秀春等，2003）。

冻融侵蚀的研究一直都是土壤侵蚀研究中最薄弱的环节，这方面的研究成果也很少见，从某种意义上来说，冻融侵蚀的研究主要还是随着水力侵蚀研究的深入才得到重视的。USLE 和 RUSLE 模型对冻融造成的影响进行了处理，但是由于冻融区往往条件比较恶劣，难以开展试验性研究。突出的试验性研究包括 1975 年瑞士科学家 J. Martinec 在法国一个面积为 2.65 $km^2$ 的小流域，建立了第一个半物理机制的融雪径流模型（SRM），使得融雪径流模拟和预测成为现实（范昊明等，2003）。目前，针对冻融侵蚀的研究还处在初步试验性研究阶段。

我国对土壤侵蚀的科学研究，始于黄河泥沙治理的需要。侯光炯首次将美国土壤侵蚀率的研究方法介绍到国内。抗日战争胜利伊始，李连捷、黄瑞采等就先后对嘉陵江及黄河中游地区土壤侵蚀和水土保持进行了研究；朱显谟自20世纪40年代起即从事江西土壤侵蚀的研究，之后又在黄土高原进行了大量开创性研究；1953年，刘善建根据累计10年的径流小区侵蚀资料，首次提出了计算年度坡面侵蚀量的公式（朱显谟，1960；李连捷等，1946；唐克丽，2004；刘善建，1953）。我国早期的土壤侵蚀定量研究侧重于野外径流小区的试验研究，主要观测下垫面条件与降雨强度对侵蚀量的影响；后来逐渐发展到室内试验，利用人工降雨开展单因素侵蚀相关研究，如降水、坡度、坡长、坡向、植被、土质等单因素与侵蚀的关系，并建立了不同形式的土壤侵蚀预报方程；20世纪60年代以后，土壤侵蚀定量研究主要集中在雨滴溅蚀、坡面单因素侵蚀动能及侵蚀产沙方面；20世纪70年代以后，我国开始注重研究降雨特征、雨滴动能、溅蚀及降雨侵蚀力、植被盖度、微地貌形态等因素与侵蚀量的关系，建立了多个侵蚀方程式；20世纪80年代后，随着地理信息系统（GIS）、遥感技术（RS）和全球定位技术（GPS）的发展，以及计算机技术和核素示踪技术的应用，土壤侵蚀定量调查研究进入新的发展时期。土壤侵蚀调查研究除定期进行复查外，还开展了动态监测研究，包括RS、GIS和GPS等先进技术的应用，为预防与监督、治理效益评价、治理布署和投资决策及时提供科学依据。我国的复杂地形和侵蚀类型的多样性，将促进调查研究方法的改进和创新（唐克丽，2004）。

### 2.1.3 影响土壤侵蚀的主要因素

影响土壤侵蚀类型和强度的因素很多，各因素之间存在相互作用与反馈，因此，土壤侵蚀是地质、地貌、气候、土壤、植被以及人类活动综合作用的结果（王礼先，1995；关君蔚，1996；唐克丽，2004）。

地质因素对土壤侵蚀的影响主要反映在地质构造背景、地层结构和地质构造运动方面，特别是现代地质构造运动对土壤侵蚀的影响十分显著，例如，地震作用导致的大规模滑坡、泥石流，地壳抬升（或下降）引起的侵蚀基准面变化等，都对相关区域的现代侵蚀过程产生巨大影响（唐克丽，2004）。此外，由于各种岩层其本身的组成物质和胶结程度不同，抵抗外来风化剥蚀的能力也不尽相同。

地貌因素通过影响地表径流动力、风化壳厚度等，直接或间接影响土壤侵蚀。地貌对土壤侵蚀的外在表现就是地形的起伏变化，其中最重要的影响因子有坡度、坡长、坡向、沟谷密度和切割程度。一般而言，低丘、山间盆地和平坦平原由于地势平坦、坡度小，侵蚀作用微弱。中山虽然坡度较大，但植被保护较好，森林覆盖率相对较高，因此土壤侵蚀并不强烈。而中丘、深丘区坡度大，高差却并不十分大，人类活动强烈，植被破坏强度大，土壤侵蚀严重。诸多地貌因素中研究最多的是坡度和坡长，坡度直接影响径流的冲刷能力，一般认为，坡度越大，坡面冲刷量越大（陈永宗，1989）；坡长对侵蚀的影响则较为复杂，主要随降雨径流状况变化，总体上，坡面越长，受雨面积越大，径流就越大，侵蚀量也就越大（陈永宗，1989；唐克丽，2004）。

植被是陆地生态系统的主体，是控制或加速土壤侵蚀的最敏感因素。良好的植被是抑制侵蚀发生的主要自然因素，植被对侵蚀的抑制作用主要表现在两个方面：一是植被对降雨侵蚀力的影响；二是植物根系及枯枝落叶层对入渗、径流和土壤抗蚀、抗冲性的影响。只有当降雨量和降雨强度超过植被枝叶拦截能力时才可产生侵蚀。植被类型、盖度、种属以及林相都对土壤侵蚀产生着重要影响（唐克丽，2004）。

土壤是侵蚀研究的主体。土壤抗侵蚀能力的大小取决于土壤的特性。土壤的基本特性包括土壤类型、结构、化学性质、物理性质、机械组成、孔隙度等。土壤可蚀性取决于它的渗透性和抗蚀性，而渗透性和抗蚀性又与土壤组成物质的特性有关。在土壤机械组成一定的情况下，土壤的有机质含量、胶体矿物的接触关系都是影响土壤侵蚀的重要因素。若土壤有机质含量高、质地疏松、有良好的团粒结构，即透水性强，就不容易或者很少产生地表径流；反之渗透率低，就容易产生较大的径流冲刷。土壤中的腐殖质能够胶结土粒，物质胶结后，在水中不易分散，崩解率低、抗蚀性较大，土壤也不易受侵蚀（唐克丽，2004）。

气候因素中最主要的土壤侵蚀影响因子有降水量、降水强度、气温、湿度和辐射干燥指数，其中又以降水量影响最大。降水是产生土壤侵蚀最主要的动力之一，降雨量、降雨强度、雨滴组成和雨型都影响着地表径流的强度，从而影响到降雨侵蚀能量的大小。一般来说，年降水总量大，侵蚀总能量也大，侵蚀随之增强。但是，年降雨量区域分布和降雨量年内分配及降雨强度，对侵蚀往往起主要作用。对某些拥有特殊地貌、地质条件的区域，降雨强度是决定侵蚀量的主要因素（齐永青，2008）。研究表明，黄土高原严重的土壤侵蚀主要是由年内少数几次暴雨或大暴雨引起的，大多数降雨并不产生径流（周佩华，1987）。

人类对自然植被的破坏是影响土壤侵蚀的最重要因素。人类社会出现后，首先以从自然界获取生物资源为其基本生存条件。现代人类活动对土壤侵蚀的影响主要通过土地利用方式及工程建设活动实现，如对坡地的利用可能导致土壤侵蚀加剧，尤其是顺坡种植、过度放牧等活动（王礼先，1995；关君蔚，1996；唐克丽，2004）。

## 2.2 土壤侵蚀敏感性

生态环境敏感性是指生态系统对人类活动反应的敏感程度，用来反映产生生态失衡与生态环境问题可能性的大小。土壤侵蚀敏感性评价是其中一个很重要的内容。土壤侵蚀敏感性是指在自然状况下土壤发生侵蚀可能性的大小。土壤侵蚀敏感性评价是根据区域土壤侵蚀的形成机制，分析其区域分异规律，明确可能发生的土壤侵蚀类型、范围与可能程度（莫斌等，2004）。该评价是为了评价生态系统对人类活动的敏感程度，识别容易形成土壤侵蚀的区域，为人们的生产和生活提供科学的依据（周红艺等，2009）。目前，国内外对土壤侵蚀敏感性评价主要是根据研究区域的实际情况来选择评价模型，仍未出现应用范围较广、适用性较强的土壤侵蚀敏感性评价模型。许多学者对土壤侵蚀敏感性做了大量的研究工作，但对于土壤侵蚀敏感性等级的界定则没有统一的标准，影响土壤侵蚀敏感性的各单因子评价也未能完全定量化（陈燕红等，2007）。

### 2.2.1 水力侵蚀敏感性

1954 年，美国农业部农业研究局在普渡大学成立了由 W. H. Wischmeier 领导的径流和土壤流失数据中心，负责收集、整理全美径流和土壤流失数据。基于收集到的小区和流域观测数据，根据当时对土壤侵蚀过程和土壤侵蚀机制的认识，采用统计分析方法于 1956 年年底提出了土壤通用流失方程式 USLE。在 1965 年，美国农业部正式颁布了农业手册第 282 号，将 Wischmeier、Smith 和其他学者联合研究出的通用土壤流失方程 USLE，公开发表并推广使用（Agriculture Handbook No. 282）。在这一版本的 USLE 中，用 6 个因子的乘积形式量化了土壤侵蚀，这 6 个因子是降雨侵蚀力、土壤可蚀性、坡长、坡度、覆盖和管理以及水土保持因子。土壤水力侵蚀敏感性评价就是基于 USLE，提出可用于评价的因子（肖桐，2010）。

#### 2.2.1.1 降雨侵蚀力因子

降雨侵蚀力指由降雨引起土壤侵蚀的潜在能力，是影响土壤侵蚀的最重要的自然因子，它反映了气候因素对土壤侵蚀的作用能力。如何准确评估和计算降雨侵蚀力，对定量预报土壤流失具有重要意义（章文波等，2002）。与其他因子不同，降雨侵蚀力因子几乎不受人类活动的控制。在USLE/RUSLE模型研究的早期，学者们针对降雨侵蚀力进行了大量的研究，尤其是雨滴直径对土壤颗粒的剥蚀作用（肖桐，2010）。Wischmeier等在这方面做出了突出的贡献（Wischmeier，1959；Wischmeier et al.，1978；Brown et al.，1987）。

从传统的计算方法来看，降雨侵蚀力因子可以看作一次暴雨的总动能 $E$ 和该次降雨的最大30分钟降雨强度 $I_{30}$ 的乘积（Wischmeier et al.，1958a）。假定土壤侵蚀与 $EI$ 指数是线性关系，便可将每一次暴雨的 $EI$ 值直接相加。给定时段内所有降雨的 $EI$ 值之和，就是该时段的降雨侵蚀力。

在计算降雨侵蚀力时，首先需要确定的是降雨动能 $e$。早期的研究发现，降雨动能与溅蚀有关，而溅蚀又与雨滴大小、下落速度等因素有关（Mihara，1951；Free，1960；Ellison，1944）。一次降雨的动能是该次降雨过程中所有雨滴具有的总能量，与雨滴大小和雨滴终点速度的平方成正比，可以通过观测雨滴大小分布和雨滴的终点速度进行计算。Wischmeier（1958b）在分析Laws（1941）的雨滴终点速度资料以及Laws等（1943）的雨滴大小与雨强关系资料的基础上，提出了降雨动能的计算公式：

$$e = 916 + 331\log_{10} i \tag{2-1}$$

式中，$e$ 为降雨动能，foot-t/Acre-inch，$i$ 为降雨强度，inch/h。式中变量均为美制单位，如需换算为公制单位，可以乘以 $2.638 \times 10^{-4}$。USLE/RUSLE模型中也基本采用了上式的表达，只是当降雨强度大于3.0 inch/h（约合76.2 mm/h）后，可将降雨动能 $e$ 设定为常数1 074 ft・tonf/（acre・in）[约合0.2833 MJ/（ha・mm）]。

Richardson等（1983）建立了幂函数结构形式的日雨量侵蚀力模型，并在许多地区得到了进一步分析验证（Haith et al.，1987；Sheridan et al.，1989；Elsenbeer et al.，1993；Yu，1998）。事实上，降雨侵蚀力在时间和空间上都存在较大的变化，因此在估算时需要长时间尺度的资料支持。这其中，包括在日时间尺度上，利用日降雨资料或暴雨资料估算降雨侵蚀力的研究（Richardson et al.，1983；Bagarello et al.，1994；Petkovsek et al.，2004），也包括基于月降雨资料估算降雨侵蚀力的研究（Yu et al.，1996 a，b，c；Yu et al.，2001）。但是这些研究无一例外地都采用了指数型关系模式。

#### 2.2.1.2 土壤可蚀性因子

土壤性质对侵蚀的作用研究始于20世纪20年代，Bennet（1926）首次提出了土壤侵蚀程度随土壤的不同而变化，并认为可用土壤中硅铝铁含量的高低来推测土壤侵蚀深度。除了土壤中的矿物质可以影响土壤可蚀性，土壤中的颗粒组成是对土壤可蚀性影响最为直观的因素。土壤中砂粒含量和黏粒含量的比例与土壤可蚀性成正比（Bouyoucos，1935）。之后，Peel（1937）提出应当考虑土壤入渗率，Anderson（1954）认为土壤团聚体表面率是土壤可蚀性的一个评价指标，Woodburn 等（1956）用团聚体的稳定性和分散率作为土壤可蚀性的指标。之后，为了方便土壤侵蚀预报工作，更多的研究转向了提出具有操作功能的土壤可蚀性因子概念（肖桐，2010）。

USLE 模型中采用的是由 Olson 等（1963）提出的土壤可蚀性因子，但是该方法需要详细的调查资料。1971 年，Wischmeier 对方程简化后，提出了只包含 5 个指标的土壤可蚀性方程，并被 1978 年的第二版通用土壤流失方程所采用，即土壤可蚀性诺谟图（Nomograph）。在我国，除了广泛使用诺谟图进行土壤可蚀性评价外（马志尊，1989），陈法扬等（1992）还根据 USLE 在小良水土保持试验推广站应用诺谟图进行了土壤可蚀性 $K$ 值的估算，并用月平均气温来校正。

目前，从理论和试验上都得到广泛验证、且被大量应用于土壤侵蚀预报实践的土壤可蚀性因子计算模型主要是诺谟图模型，该模型是当前使用最为广泛的一种确定土壤可蚀性 $K$ 值的方法，计算方法详见下章。

### 2.2.2 风力侵蚀敏感性

土壤风蚀是松散的土壤物质在风力作用下发生位移的自然过程，包括土壤夹带起沙、空间输移及沉降淀积三个阶段（Shao et al.，1996）。土壤风蚀导致的土地退化对我国北方地区生态环境影响巨大。开展土壤风蚀敏感性评价能够为土壤风蚀的防治工作提供科学依据。

土壤风蚀敏感性，又称风蚀危险度，是在整体掌握区域风蚀的程度和强度的基础上，用于评估、预测在无明显侵蚀区引起侵蚀和在现状侵蚀区加剧侵蚀的可能性的大小。土壤风蚀敏感性评价是根据控制土壤风蚀演变发展的相关气候要素和区域的生态背景要素（植被、降水、地形、土壤等）以及人类活动，对特定区域土壤风蚀作用的影响程度和作用强度进行评价，包含空间和时间两个因素。其目标是评价风蚀对自然环境和社会经济的危害程度和后果，反映一个地区土壤风蚀的发展程度，为科学、有的放矢地进行各种防沙治沙决策和工程实施提供有力的科技支持

（师华定等，2010）。在空间尺度上，土壤风蚀敏感性评价主要针对景观区域范围，研究区域可以小至几公顷的野外实验场，大至一个省、一个国家，甚至达到洲际的范围。

在国外，美国科学家最早提出风蚀指数概念，并建立了一个针对各个指标来计算该指数的数学模型（Chepil，1945），被美国农业部开发并大力推广运用。其中较出名的有得克萨斯侵蚀分析模型（TEAM）、土壤风蚀预报模型系统（WEPS）、风蚀经典模型（WEQ）以及修正风蚀方程（RWEQ）。但这些模型都是根据北美的实际情况建立的经验模型，如果应用到别的区域需要进行适应性改造，并且这些模型只能应用于已知有风蚀存在的、较小尺度的地块上，不能用来预测不同景观区域的风蚀危险性（Hagen，1991；胡云锋，2005）。

在土壤风蚀敏感性评价中，因子选择需要解决的问题首先是要避免指标的相互交叉和内容重复，要考虑不同风蚀类型的共性特征；其次要针对尺度较大的指标体系融入遥感技术；最后，指标体系需要进一步细化，使其具有层次感，突出评价的目的。风蚀敏感性评价指标选取应遵循综合性、主导性、实用性、地带性、层次性原则（师华定等，2010）。见表 2-1。

表 2-1　风蚀敏感性评价因子（师华定，2010）

| 评价因子 | 评价方面 | 评价指标 |
| --- | --- | --- |
| 侵蚀因子 | 风力强度 | 风速 |
| | | 年均气温 |
| | | 气候带 |
| | 降水量 | 降水量 |
| | | 蒸发量 |
| 可蚀性因子 | 土壤水分 | 土壤含水量 |
| | 土壤理化状况 | 厚度 |
| | | 质地 |
| | | 有机质含量 |
| 干扰因子 | 植被状况 | 盖度 |
| | | 生物量 |
| | 人类活动 | 土地利用类型 |
| | | 人口超载量 |
| | | 牲畜超载量 |
| | | 人均纯收入 |

风场强度是影响土壤颗粒能否被风力搬运的决定性因素。风场强度的大小可以通过对常规地面气象观测中有关风速、风向的数据计算得到，可用美国农业部修正风蚀方程（RWEQ）中的相应公式来计算：

$$W = \sum_{i=1}^{n} U \cdot (U - U_c)^2 \tag{2-2}$$

式中，$W$ 为风能强度因子，$m^3/s^3$；$U$ 为离地面 2 m 高处的风速，m/s；$U_c$ 是 2 m 高处的临界风速，一般设置为 5 m/s。

土壤湿度（干燥度）是表征地区土壤干湿程度的指标，它决定了地表土壤的抗蚀能力。土壤湿度低、土壤颗粒细小，大风就容易将粉尘带入空中。土壤湿度（干燥度）受到区域降水量的影响，一般是以地区的水分收支与热量平衡的比值来表征的。土壤干燥度的计算采用修正的谢良尼诺夫模型，具体可表示为

$$D = 0.16 \cdot \sum T_{>10℃} / P \tag{2-3}$$

式中，$D$ 为土壤干燥度；$P$ 为年降水量，mm；$T_{>10℃}$为一年中大于 10℃的积温，℃（梁海超等，2010）。

### 2.2.3 冻融侵蚀敏感性

冻融侵蚀是仅次于水蚀和风蚀的第三大土壤侵蚀类型，据第二次全国土壤侵蚀遥感调查资料统计，我国可发生冻融侵蚀的面积超过 126.98 万 $km^2$，约占国土总面积的 13.2%。青藏高原及其附近的高山区是冻融侵蚀分布最集中且侵蚀最强烈的区域，其他地区如帕米尔高原、天山、阿尔泰山、祁连山、大兴安岭北端、四川盆地等也存在冻融侵蚀分布相对集中的现象。同时，在非高原区的寒带和寒温带也存在程度不同的冻融侵蚀，例如，大小兴安岭前缘的黑土区，沟壑冻融侵蚀每年都有发生，且侵蚀程度较严重（景国臣，2003）。

虽然冻融侵蚀在我国以轻度、中度为主，强度侵蚀相对较少，但目前冻融侵蚀对人类生存与发展的影响，已经表现得越来越明显（范昊明等，2003）。在我国，冻融侵蚀尚未列入现代侵蚀研究范畴。目前，国内外学者对于冻融侵蚀的定义与研究范畴，尚无全面、统一的认识，但从冻融侵蚀研究的主要发展轨迹来看，人们对它的定义与研究范畴的界定，已经越来越清晰。

冻融作用是冻融侵蚀发生的主要原因，在冻结和解冻两个过程中，因水分的变化而使土体或岩石发生机械变化，从而导致了冻融侵蚀的发生。冻融侵蚀的主要类

型有融雪径流侵蚀、沟壑冻融侵蚀、寒冻石流、冻融风蚀、冻融泥流、冰川侵蚀等（景国臣，2003）。

严格来说，冻融侵蚀的强度分级应以冻融侵蚀区单位时间内单位面积上土壤的流失量作为分级依据，然而，由于冻融侵蚀区气候环境恶劣，难以布置侵蚀小区进行实验研究。目前，国内外尚无冻融侵蚀流失量的报道，因此对冻融侵蚀进行强度分级难度很大。事实上，在冻融侵蚀区确实存在着侵蚀程度的差异，而造成这种差异的原因是影响冻融过程以及冻融产物搬运条件的因素的差异。为此选择影响冻融侵蚀的因素作为分级指标进行冻融侵蚀的相对分级是可行的（张建国等，2005）。

钟祥浩等（2003）对西藏地区土壤冻融侵蚀敏感性进行了评价。研究选择了大于 0℃天数、气温年较差、年降水量、地形起伏度 4 个评价因子综合评价冻融侵蚀程度。其中，气温年较差是一年中最高月平均气温与最低月平均气温之差。张建国等（2005）选择温度、地形、地表覆盖、降水量、海拔、土壤 6 个方面的因素来综合评价四川地区冻融侵蚀敏感性。然后，又将此方法应用于西藏地区冻融侵蚀敏感性评价。冻融侵蚀评价因子汇总见表 2-2。

表 2-2　冻融侵蚀评价因子汇总（张建国等，2005、2006、2008；李辉霞等，2005）

| 因子 | 分级赋值标准 | | | |
|---|---|---|---|---|
| 气温年较差 /℃ | ≤18 | 18～20 | 20～22 | 22～24 |
| 大于 0℃天数 / 天 | 210 | 180 | 150 | 120 |
| 年均降水量 /mm | ≤150 | 150～300 | 300～500 | ＞500 |
| 坡度 /% | 0～3 | 3～8 | 8～15 | 15～90 |
| 坡向 / 度 | 0～45，315～360 | 45～90，270～315 | 90～135，225～270 | 135～225 |
| 植被类型 | 灌木林，森林 | 草甸，沼泽 | 草原 | 垫状植被，高山荒漠 |
| 土壤类型 | 棕壤，深棕壤，灰化土 | 草甸土，沼泽土，高山草甸土，亚高山草甸土，残余钙质亚高山草甸土 | 亚高山草原土，亚高山草甸草原土，高山草原土，高山草甸草原土 | 盐碱化土，高山荒漠盐碱化土，高山荒漠化土，高山寒漠化土 |
| 地形起伏度 /m | ≤50 | 50～100 | 100～500 | ＞500 |
| 植被盖度 /% | ＞75 | 50～75 | 30～50 | ＜30 |

### 2.2.4 中国土壤侵蚀敏感性评价研究进展

#### 2.2.4.1 土壤水蚀敏感性评价研究进展

土壤侵蚀敏感性分析是生态敏感性评价的一项重要内容（杨永峰等，2009）。早在 1993 年，傅伯杰就以陕西米脂县泉家沟流域为例，从土壤抗侵蚀、地貌形态、植被覆盖和土地利用、降雨等方面分析了影响土壤侵蚀的危险性因素。在微机地理信息系统（MGIS）的支持下，选取地貌类型、坡度、高度、土地利用等作为评价因子，进行了数据采集和图件分析，运用叠加分类和条件叠加模型，将研究区域分为强度、中度、轻度和无侵蚀危险类型，输出了土壤侵蚀危险评价图，并指出了各种类型的特征和防治侵蚀的措施。

近年来，国内土壤水蚀敏感性评价在各省份均有开展。张东云等（2006）以 GIS 技术作为平台，运用 ArcView、Arc/Info 等先进技术手段，采用单因子和多因子综合分析方法对降水量、土壤质地、坡度、植被类型和风速进行综合分析，明确了河北省土壤侵蚀的敏感性空间分布。莫斌等（2004）依据 1999 年重庆市水土流失遥感调查，结合水土流失观测资料，评价了重庆市土壤侵蚀强度及区域分布。根据 USLE 中 5 大因子对土壤侵蚀敏感性的影响，建立了土壤侵蚀敏感性评价指标体系，对重庆市土壤侵蚀敏感性进行评价。结合 GIS 技术，分析了重庆市土壤侵蚀敏感性的空间分布，探讨了土壤侵蚀的敏感性原因，并提出了有关水土保持对策。周红艺等（2009）以 USLE 为基础，选择降雨侵蚀力（R）、土壤质地（K）、坡度坡长（LS）和地表覆盖（C）4 个自然因子作为土壤侵蚀敏感性评价的指标，根据评价指标分级标准，在 GIS 和 RS 技术的支持下，将元谋干热河谷土壤侵蚀敏感性分为不敏感区、轻度敏感区、中度敏感区、高度敏感区和极敏感区 5 个等级区域，并介绍了不同土壤侵蚀敏感区的空间分布，提出了控制土壤侵蚀的建议。孙秀美等（2007）根据沂蒙山区遥感影像解译和水土流失遥感调查数据等资料，在 USLE 的基础上，选择降雨侵蚀力、土壤可蚀性值、坡度和植被覆盖等自然因子建立了土壤侵蚀敏感性评价指标体系。利用 GIS 方法对影响土壤侵蚀敏感性的单因子进行计算，并将各因子进行栅格化。运用空间分析方法对沂蒙山区土壤侵蚀敏感性进行综合评价，将沂蒙山区土壤侵蚀敏感性分为极敏感区、高度敏感区、中度敏感区、轻度敏感区和一般敏感区 5 个等级区域，并分析了不同土壤侵蚀敏感区的空间分布。

张荣华等（2010）基于 RS、GIS 技术平台，以 RUSLE 为基础，探讨了降雨、土壤、地形、植被等因子对土壤侵蚀敏感性的影响，建立了桐柏大别山区土壤侵蚀敏感性评价指标和分级标准，分析了评价土壤侵蚀敏感性，为桐柏大别山区土壤侵蚀防治和生态工程建设提供了科学依据。结果表明：土壤侵蚀敏感性分布与土壤侵蚀强度具有较高的一致性，即土壤侵蚀敏感性高的区域也是目前土壤侵蚀严重的区域，表明区域土壤侵蚀受自然因素影响很大，但在局部地区由于人类活动干扰不同则存在一定的差异。杨永峰等（2009）认为土壤侵蚀敏感性分析是生态敏感性评价的一项重要内容。他们基于 ArcGIS 软件平台，采用综合指数法对山东省土壤侵蚀敏感性状况进行了综合评价。研究显示，山东省存在不同程度的土壤侵蚀敏感性。其中，中度及中度敏感以上区域占全省总面积的 25.21%，这些地区易发生土壤侵蚀；极敏感和高度敏感区主要分布在鲁中南山区、胶东低山丘陵区和黄泛平原区。研究进一步指出，加强植被保护、发展生态农业是推进生态敏感区环境保护的重要手段。陈建军等（2005）以 USLE 为理论基础，在 GIS 的支持下采用地图代数方法，对吉林省土壤侵蚀敏感性的影响因子进行逐一评价和综合评价。针对吉林省土壤侵蚀的实际情况，借鉴国内外的相关研究成果，选择了降雨侵蚀力、地形起伏度、植被类型和土壤质地 4 个评价因子。通过分析与综合评价，明确了吉林省土壤侵蚀发生的潜在可能程度、地区范围和空间分布规律等，并进一步探讨了针对不同土壤侵蚀敏感区的有效控制水土流失的对策。研究结果将为吉林省的生态环境分区管理、合理开发利用土地资源、有效控制土壤侵蚀的发生和发展提供重要的依据。

杨广斌等（2006）在通用土壤流失方程的基础上，建立了土壤侵蚀敏感性评价指标体系，利用 GIS 方法对影响土壤侵蚀敏感性的单因子进行评价，并将各因子进行网格化，运用网格数据的空间叠加分析方法对贵州省土壤侵蚀敏感性进行了综合评价。在此基础上探讨了贵州省土壤侵蚀敏感性的空间分异规律。通过与已有的土壤侵蚀现状图比较，发现土壤侵蚀高敏感区与水土流失严重区并不吻合，并进一步指出，脆弱的喀斯特环境是产生严重水土流失和导致石漠化的地质基础，强烈的人类活动是加速这一过程的主要驱动力量。卢远等（2007）以通用土壤流失方程为基础，选择了降雨侵蚀力、地形起伏度、土壤质地和植被覆盖等自然因子作为土壤侵蚀敏感性的评价指标，根据广西自然环境特征，制定了评价指标的分级标准，在 GIS 技术的支持下，对广西土壤侵蚀敏感性的影响因子逐一分级评价和综合评价，明确了广西土壤侵蚀发生的可能程度和空间分布规律，并提出了有关水土保持对策。汤小华等（2006）根据通用土壤流失方程的基本原理，结合福建省的自然环境特征，选择降雨侵蚀力、地形起伏度、土壤质地、植被类型 4 个自然因子作为评价指标，在 GIS 技术的支持下对福建省土壤侵蚀敏感性进行评价，评价结果能够综合反映福建省土壤侵蚀敏感性的空间分布规律，为土壤侵蚀防治、生态环境保护以及土地资源合理开发利用提供了依据。

#### 2.2.4.2 风力侵蚀敏感性评价研究进展

龚绪龙等（2007）针对额济纳盆地河泛低地绿洲带植被呈斑块化格局的特点，运用景观结构与其功能间的关系的原理，选取适当的评价因子进行风蚀敏感性评价。评价结果认为，额济纳盆地风蚀最危险的区域是河泛低地绿洲带中植被斑块迎风面与裸地接触的位置，以及植被斑块间风蚀裸地廊道与植被接触的位置。杨光华等（2010）选取影响土壤风蚀的相关指标，运用 GIS 技术提取各指标数据，建立了径向基函数网络模型（RBFN 模型），并根据不同风蚀危险程度标准，选取了 12 个市县的相关数据进行训练，确定了网络模型参数，对新疆 87 个市县的土壤风蚀危险度进行了评价。结果显示，东疆的吐鲁番哈密盆地为新疆土壤风蚀危险度极强区，南疆塔里木盆地，北疆的昌吉市—沙湾县沿线、富蕴县、福海县以及伊吾盆地是土壤风蚀的强度危险区，北疆西部、伊犁谷地和克孜勒苏柯尔克孜自治州的大部分市县为土壤风蚀的中度危险区，轻度危险区仅在阿勒泰市、伊犁谷地有零星分布。贾丹等（2009）针对永定河沙地风蚀特点，收集有关数据，构建研究区基础数据库，选取植被覆盖度、土地利用类型、土壤有机质含量、土壤类型为影响风蚀的因素，建立了评价体系，并在 GIS 环境中确立了风蚀灾害危险等级分布，得到了风蚀危险程度分布图，实现了对研究区风蚀危险性的评价。

师华定等（2008）选取影响内蒙古自治区土壤风蚀演化的相关指标，运用 GIS 技术提取各指标数据，构建 RBFN 模型，根据不同风蚀危险程度标准，选取 12 个市、县（旗）的相关数据进行训练，确定网络模型参数，进而对内蒙古自治区 88 个市、县（旗）的土壤风蚀危险度进行了评价，发现内蒙古自治区西部为土壤风蚀发生的极强危险区，西北为强危险区，中部为中度危险区，而东部为轻度危险区。梁海超等（2010）基于文献调研、兼顾数据的可获得性，建立了包括风场强度、植被覆盖率、地形起伏度、土壤干燥度等因子在内的风蚀危险程度评价指标体系。同时，依据遥感参数反演和地面气象观测数据，在 GIS 技术支持下，形成了上述因子的空间分布数据。另外，利用层次分析方法，构建土壤风蚀危险度评价模型，得到了研究区土壤风蚀危险度的空间分布。最后，结合研究区土地利用数据，探讨了风蚀危险度空间分布格局的自然环境和土地利用背景。

当前，土壤风蚀敏感性评价存在数据获取与定量化困难、影响因子的贡献度难以确定以及危险度等级判定存在一定主观性等不足。未来风蚀危险性评价研究将面临一系列挑战，但随着各种实验和观测设备与技术的发展，遥感、GIS 和 FCM 模糊聚类方法等的完善，以及计算机模拟技术的不断融入，风蚀危险性评价将越来越完善（师华定等，2010）。

#### 2.2.4.3　冻融侵蚀敏感性评价研究进展

由于受诸多因素限制，到目前为止，国内外对冻融侵蚀的研究甚少，有关其强度分级评价方面的研究则更为鲜见。早在 1987 年，钟祥浩等就分析了引起冻融侵蚀的条件，并对相关的侵蚀评价内容和体系进行了阐述。张建国等（2005、2006）首先对四川地区冻融侵蚀区进行了界定；其次评价了四川冻融侵蚀区侵蚀敏感性；再次在综合分析冻融侵蚀影响因子的基础上，选取气温年较差、坡度、坡向、植被、年降水量、土壤质地 6 个因子作为西藏自治区冻融侵蚀分级评价指标，用加权加和的方法建立了适合西藏自治区的冻融侵蚀相对分级评价模型，并在 GIS 技术的支持下实现了对西藏自治区冻融侵蚀的相对分级。最后利用分级结果对西藏自治区冻融侵蚀进行了综合评价。李辉霞等（2005）通过寻找多年冻土下界与等温线的关系，确定了西藏自治区冻融侵蚀的范围，并选取气温年较差、年均降水量和地形起伏度 3 个因子，运用 GIS 技术对西藏自治区冻融侵蚀的敏感性做了评价。

# 第三章

# 数据与主要评价方法

# 3.1　研究区概况

我国位于欧亚大陆东部、太平洋西岸，地理上介于东经 73°40′～135°2′30″、北纬 3°52″～53°33″，领土辽阔广大，东西相距约 5 000 km，南北相距约 5 500 km，总面积约为 960 万 $km^2$，仅次于俄罗斯、加拿大，居世界第 3 位，差不多同整个欧洲的面积相当。我国领土大部分在温带，小部分在热带，没有寒带。

目前，我国有 34 个省级行政区，包括 23 个省、5 个自治区、4 个直辖市、2 个特别行政区。

## 3.1.1　中国地形地貌

我国地形复杂多样，地势西高东低，大致呈三阶梯状分布：西南部的青藏高原平均海拔在 4 000 m 以上，为第一阶梯；大兴安岭—太行山—巫山—云贵高原东一线以西与第一阶梯之间为第二阶梯，海拔在 1 000～2 000 m，主要为高原和盆地；第二阶梯以东、海平面以上的陆面为第三阶梯，海拔多在 500 m 以下，主要为丘陵和平原。山地、高原和丘陵约占陆地面积的 67%，盆地和平原约占陆地面积的 33%。海岸线以东、以南的大陆架，蕴藏着丰富的海底矿产资源。（中国政府网，2005）

## 3.1.2　中国气候

我国属季风性气候区，冬夏气温分布差异很大，气候带区划见图 3-1。气温分布特点为：冬季气温普遍偏低，南热北冷，南北温差大，温差近 50℃。主要原因在于：冬季太阳直射南半球，北半球获得的太阳能量少；受纬度影响，冬季盛行冬季风。夏季全国大部分地区普遍高温（青藏高原除外），南北温差不大。主要原因在于：夏季太阳直射北半球，北半球获得的太阳能量多；夏季盛行夏季风，我国大部分地区气温上升到最高值；夏季太阳高度大，纬度越高，白昼时间越长，减缓了南北接受太阳光热的差异。冬季最冷的地方是漠河市，夏季最热的地方是吐鲁番市。重庆市、武汉市、南京市号称我国“三大火炉”。我国各地的无霜期，一般来说，由南向北、由沿海向内地逐渐缩短。无霜期长，则作物的生长期也长；反之则短。（中国政府网，2005）

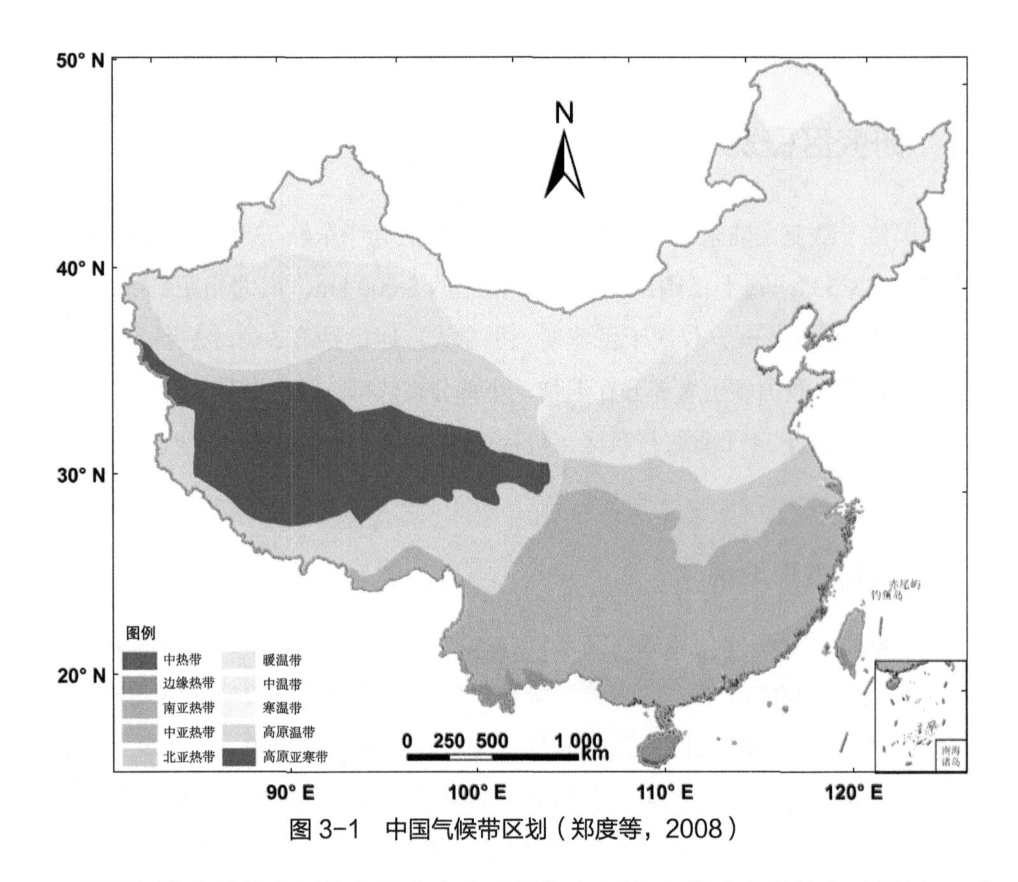


图 3-1　中国气候带区划（郑度等，2008）

我国年降水量的空间分布具有由东南沿海向西北内陆减少的特点（见图 3-2）。原因是我国东南临海，西北深入亚欧大陆内部，使得我国的水分循环自东南沿海向西北内陆逐渐减弱。另外，能带来大量降水的夏季风，受重重山岭的阻挡和路途越来越远的制约，影响程度自东南沿海向西北内陆逐渐减小。我国各地降水量季节分配很不均匀，全国大多数地方降水量集中在 5—10 月。这个时期的降水量一般要占全年的 80%。就南北不同地区来看，南方雨季开始早而结束晚，北方雨季开始晚而结束早。我国降水量的这种时间变化特征，是与季风因锋面移动产生的雨带推移现象分不开的。5 月，北上的暖湿气流与南下的冷空气在南岭一带相遇，雨带在此徘徊，华南雨季开始；6 月，雨带随锋面推移到长江流域，并在长江中下游地区摆动 1 个月左右，阴雨连绵，此时正值梅子黄熟时节，称为长江中下游地区的“梅雨”季节；7 月、8 月，雨带随锋面推进到华北、东北等地，我国北方降水量显著增加；9 月，北方冷空气势力增大，雨带随锋面迅速撤回到长江以南，加上有台风雨配合，此时华南雨水仍较多。总之，我国降水量的地区分布极不均匀，总趋势是从东南沿海向西北内陆递减。我国降水量最多的地方是台湾的火烧寮，最少的地方则是吐鲁番盆地中的托克逊县。（中国政府网，2005）

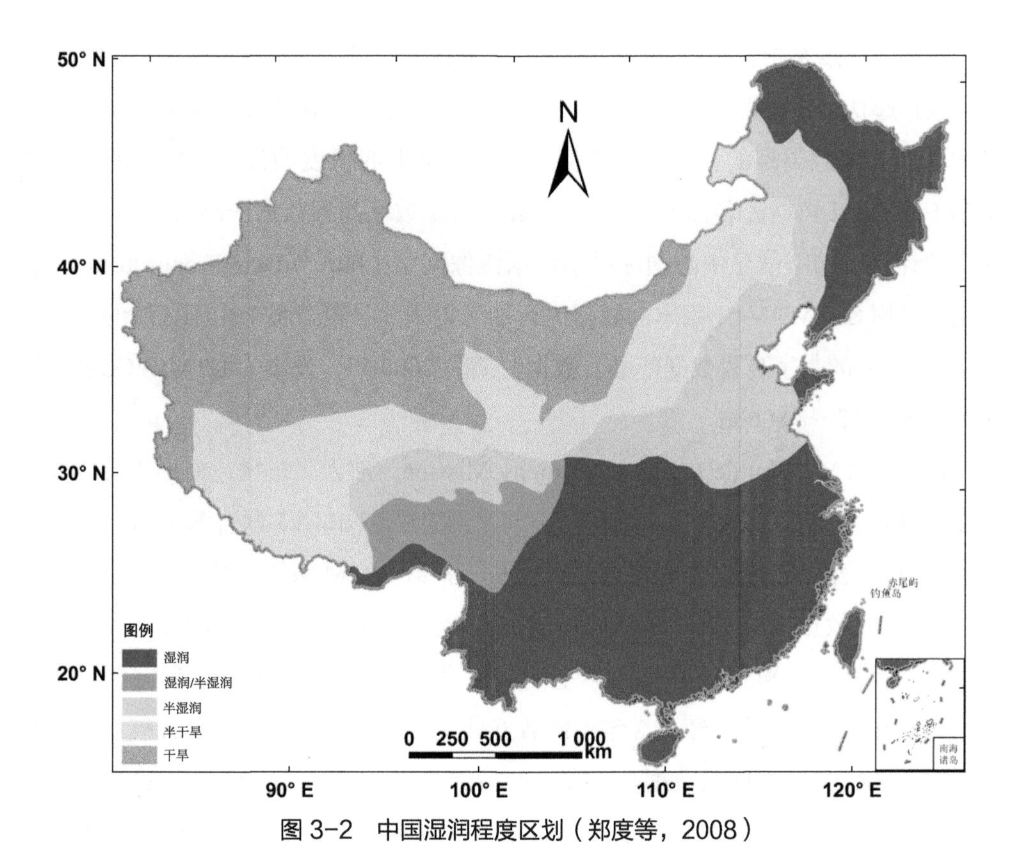


图 3-2 中国湿润程度区划（郑度等，2008）

# 3.2 数据

## 3.2.1 地形起伏度

多种空间尺度上地形因子的选择、提取和应用，是区域水土流失评价的重要基础性工作。地形的起伏是导致水土流失的最直接因素，在大比例尺（坡面尺度）研究中，坡度将是最主要的指标。但是，在区域性研究中，尤其是面对全国水土流失研究时，随着地形信息载体（地形图、DEM）比例尺或分辨率的减小，坡度将只有数学意义而不具备土壤侵蚀和地貌学意义。我国地域广大、地貌类型复杂多变，确定一个在全国范围内适用的水土流失评价的地形指标，是一项很有意义的工作。随着空间信息技术在水土保持中的广泛应用，将数字高程模型（Digital Elevation Model，DEM）作为基本信息源，实现对全国水土流失地形起伏度的提取将是一种快速有效的方法（刘新华等，2001）。

地形起伏度是指在一个特定的区域内，最高点海拔高度与最低点海拔高度的差值。地形起伏度最早源于苏联科学院地理所提出的地形切割深度，地形起伏度现在已成为划分地貌类型的一个重要指标。本书中地形起伏度的计算，使用的数据是SRTM 的 DEM 数据，名称为"中国 90 m 分辨率数字高程数据产品"，来源于中国科学院计算机网络信息中心国际科学数据镜像网站（http: //datamirror.csdb.cn）。该数据集利用 SRTM3 V4.1 版本的数据进行加工得来，是覆盖整个中国区域的空间分辨率为 90 m 的数字高程数据产品。数据时期为 2000 年，投影为 UTM/WGS84，值域范围为 -152～8 806 m。

数据 SRTM（Shuttle Radar Topography Mission，航天飞机雷达地形测绘使命），是由美国航空航天局（NASA）和国防部国家测绘局（NIMA）联合测量的。2000 年 2 月 11 日，美国发射的"奋进"号航天飞机上搭载 SRTM 系统，共计进行了 222 小时 23 分钟的数据采集工作，获取了北纬 60° 至南纬 60°、总面积超过 1.19 亿 $km^2$ 的雷达影像数据，覆盖地球 80% 以上的陆地表面。SRTM 系统获取的雷达影像的数据量约 9.8 万亿字节，经过 2 年多的数据处理，制成了数字地形高程模型 DEM，即现在的 SRTM 地形产品数据。此数据产品于 2003 年开始公开发布，经过多次修订，目前的数据修订版本为 V4.1。该版本由国际热带农业中心（CIAT）利用新的插值算法得到的 SRTM 地形数据，更好地填补了 SRTM 90 的数据空洞。SRTM 地形数据按精度可以分为 SRTM1 和 SRTM3，分别对应的分辨率精度为 30 m 和 90 m 数据，目前公开数据为 90 m 分辨率的数据。

刘新华等（2001）的研究表明，5 km × 5 km 分析窗口是中国水土流失地形起伏度提取的最佳统计窗口。本文利用 SRTM 中国地区 90 m 分辨率 DEM 数据，采用 ArcMap 中的空间分析（Spatial Analyst）模块中的邻域分析（Neighborhood Statistic）工具，以 50 × 50 像元的矩形为模板算子，对整个研究区进行移动计算，先计算出 50 × 50 像元内的格网最大值（maximum），然后计算出其领域最小值（minimum），再利用模块中的栅格计算工具（Raster Calculator）计算最大值与最小值的高程差，就得到了该 50 × 50 像元窗口的地形起伏度结果值。可表示为如下公式：

$$RF = H_{max} - H_{min} \tag{3-1}$$

式中，$RF$ 为分析窗口内的地形起伏度，m；$H_{max}$ 为分析窗口内的最大高程值，m；$H_{min}$ 为分析窗口内的最小高程值，m。

上述流程的计算得到的栅格数据是 90 m 分辨率，将此结果重采样成 1 km 分辨率参加土壤侵蚀敏感性计算。

### 3.2.2　植被覆盖指标

植被覆盖指标的提取采用 20 世纪 80 年代末、1995 年、2000 年、2005 年四期中国土地利用 / 覆盖 1 km 分辨率类型的百分比数据。该数据集包含耕地、林地、草地、水域、城乡及工矿和居民用地、未利用土地 6 个方面 25 个类型的土地利用 / 覆盖数据（刘纪远等，2000、2002、2005、2009）。该数据集以美国陆地卫星 TM/ETM 数据为信息源，辅之以中国资源一号卫星（CBERS-01）的 CCD 数据。图 3-3 是对 2005 年中国土地利用的遥感解译。

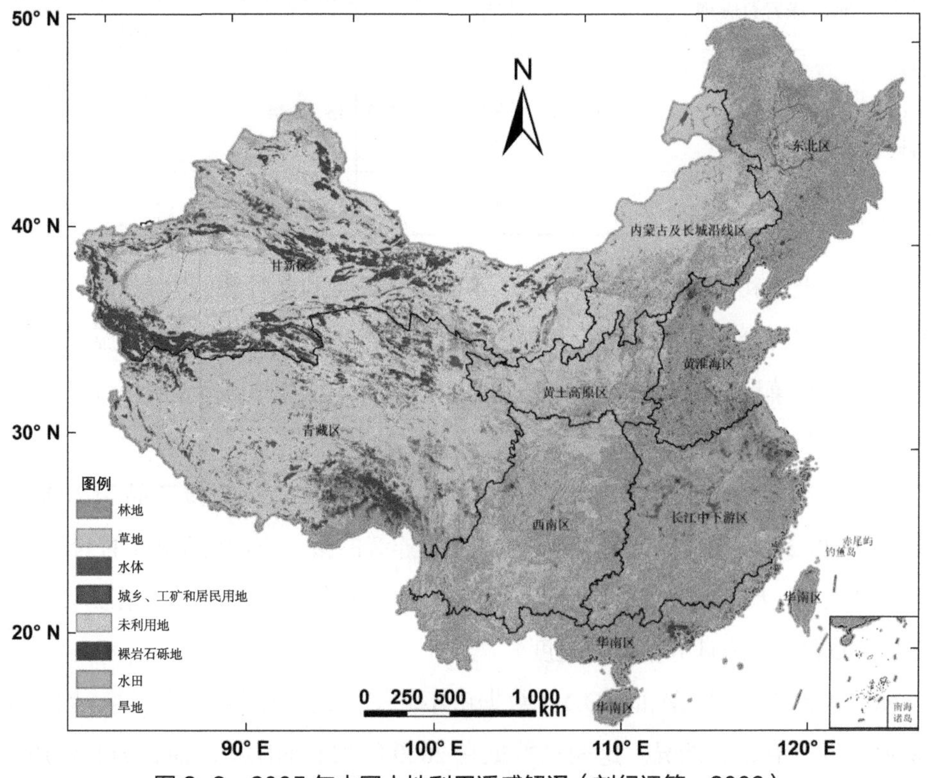


图 3-3　2005 年中国土地利用遥感解译（刘纪远等，2009）

植被覆盖指标数据在制作过程中，首先对土地利用 / 覆盖类型进行定级赋值，定级结果见表 3-1。然后利用 20 世纪 80 年代末、1995 年、2000 年、2005 年四期中国土地利用 / 覆盖 1 km 分辨率类型的百分比数据加入定级赋值结果进行计算，其结果是生成 1 km 分辨率植被覆盖指标的栅格数据。计算公式如下：

$$L=\sum_{i}^{m}\sum_{j}^{n}A_i\cdot B_j \qquad (3-2)$$

式中，$L$ 为某一栅格最终的植被覆盖度敏感性级别，为浮点型数字；$A_i$ 为在此栅格内某一土地利用类型的百分比，$i$=1，2，…，25；$B_j$ 为此土地利用类型的敏感性级别，$j$=1，2，…，5；$m$=25，$n$=5。通过以上公式可以计算得到 20 世纪 80 年代末、1995 年、2000 年、2005 年四期土壤侵蚀植被覆盖敏感度。

表 3-1　植被覆盖指标敏感度分级

| 分级 | 不敏感 | 轻度敏感 | 中度敏感 | 重度敏感 | 极敏感 |
|---|---|---|---|---|---|
| 植被特征 | 水田，水体，建设用地，沼泽地，裸岩石砾地 | 平坦旱地，林地，高覆盖草地 | 山地丘陵旱地，中覆盖草地 | 大于 25° 坡耕地，低覆盖草地 | 植被盖度低于 5% 的荒漠、沙地、盐碱地、裸土地、其他等 |
| 对应 LUCC 编码 | 11，40，50，64，66 | 123，20，31 | 32，121，122 | 33，124 | 61，62，63，65，67 |
| 赋值 | 1 | 2 | 3 | 4 | 5 |

由于在土地利用遥感解译过程中，不同解译人员的经验和能力有差异，导致各自的土地利用解译成果拼接以后，在接边附近会产生土地利用类型的急剧变化。这种边界效应在草地覆盖度解译中尤为明显，因此，本书中草地覆盖度由归一化植被指数（NDVI）数据计算得到。

首先，利用 1988—2000 年以来的 NOAA/AVHRR 1 km 图像产品和 2000 年以来的 MODIS 1 km 图像，计算 1988—2009 年连续的覆盖全国的 1 km 的 NDVI。然后从每年每 16 天的 NDVI 图像产品中得到每一个栅格点的最大值，作为该点当年的最大 NDVI，用来计算草地覆盖度。

NOAA/AVHRR 数据和 MODIS 数据由不同卫星的遥感器观测得到，因此它们的辐照强度具有很大差异。这两项数据在 2000 年均有 NDVI 产品，因此使用该年 NDVI 最大值采用线性回归的方法来对二者进行校正。在完成上述处理后，选择 1990 年和 1995 年的 NOAA/AVHRR 数据以及 2000 年的 MODIS 数据和 2005 年的 NDVI 最大值计算草地覆盖度。图 3-4 反映了 MODIS 数据 2000 年全国 NDVI 最大值。

李苗苗（2003）经过研究认为，当研究区植被覆盖度最大达到 100%、最小达到 0% 时，通过对 NDVI 图像设置一个置信度（95%），计算置信区间内 NDVI 最大值 $NDVI_{max}$ 和最小值 $NDVI_{min}$，代入如下公式可计算各像元的植被覆盖度：

$$fc = (NDVI - NDVI_{min}) / (NDVI_{max} - NDVI_{min}) \tag{3-3}$$

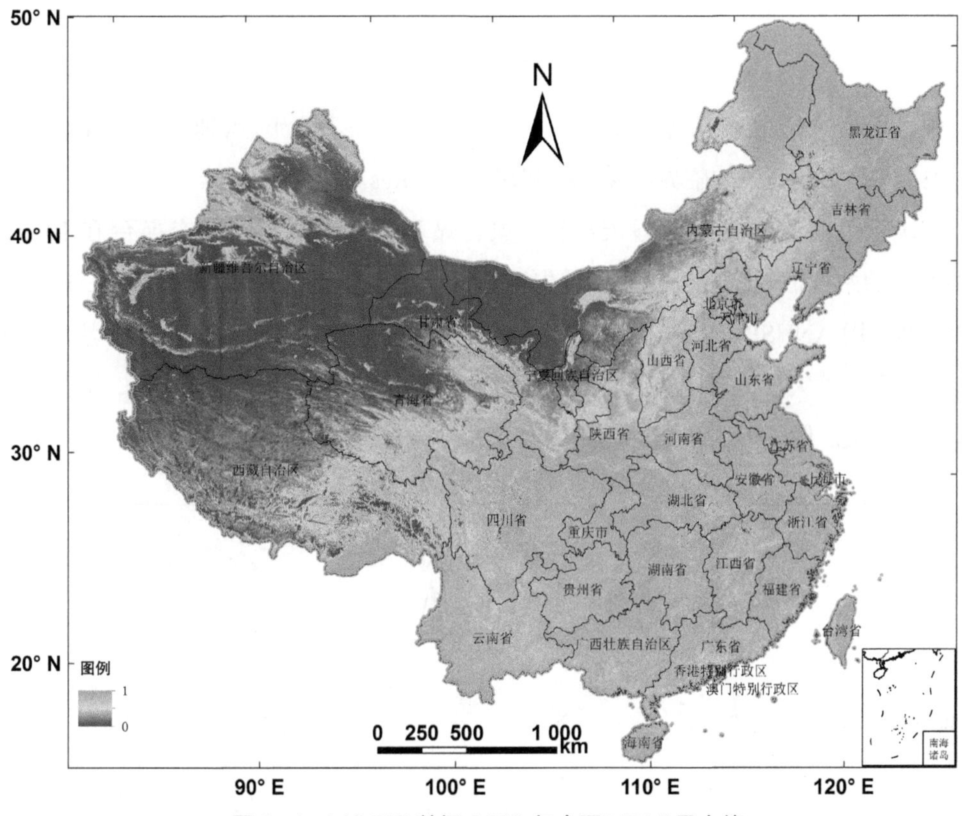


图 3-4　MODIS 数据 2000 年全国 NDVI 最大值

本书先利用各期草地覆盖范围边界提取出 NDVI 图像，然后分别确定各期图像在 95% 置信区间内的 NDVI 最大值 $NDVI_{max}$ 和最小值 $NDVI_{min}$（见表 3-2），然后利用式（3-3）计算草地覆盖度。

表 3-2　各期 NDVI 图像最大值和最小值

| 年份 | $NDVI_{min}$ | $MDVI_{max}$ |
|---|---|---|
| 1990 | 0.022 8 | 0.844 9 |
| 1995 | 0.090 0 | 0.862 7 |
| 2000 | 0.078 2 | 0.874 2 |
| 2005 | 0.073 7 | 0.887 8 |

## 3.2.3　风场强度

风场强度是影响土壤颗粒搬运和侵蚀的主要因素。风场强度的计算方法采用美国农业部拟定的土壤风力侵蚀方程 RWEQ 中的相应公式（Fryrear et al.，1977、1998）：

$$W = \sum_{i=1}^{n} U \times (U - U_c)^2 \qquad (3\text{-}4)$$

式中，$W$ 为风能强度因子，$m^3/s^3$；$U$ 为离地面 2 m 高处的风速（10 min 最大风速）；$U_c$ 是 2 m 高处的临界风速，一般设置为 5 m/s。

计算用到的数据为中国 756 个气象台站和周边 284 个国际交换台在 1980—2009 年的站日值气象观测数据。首先计算日风场强度，其次累加计算年风场强度。计算结果用 ANUSPLINE（插值软件）进行插值得到风场强度空间分布。然后参考全国风场强度大小，制定土壤侵蚀敏感性评价的风场强度指标定级值域，对风场强度进行分级。图 3-5 为本书中用到的气象台站数据空间的分布。

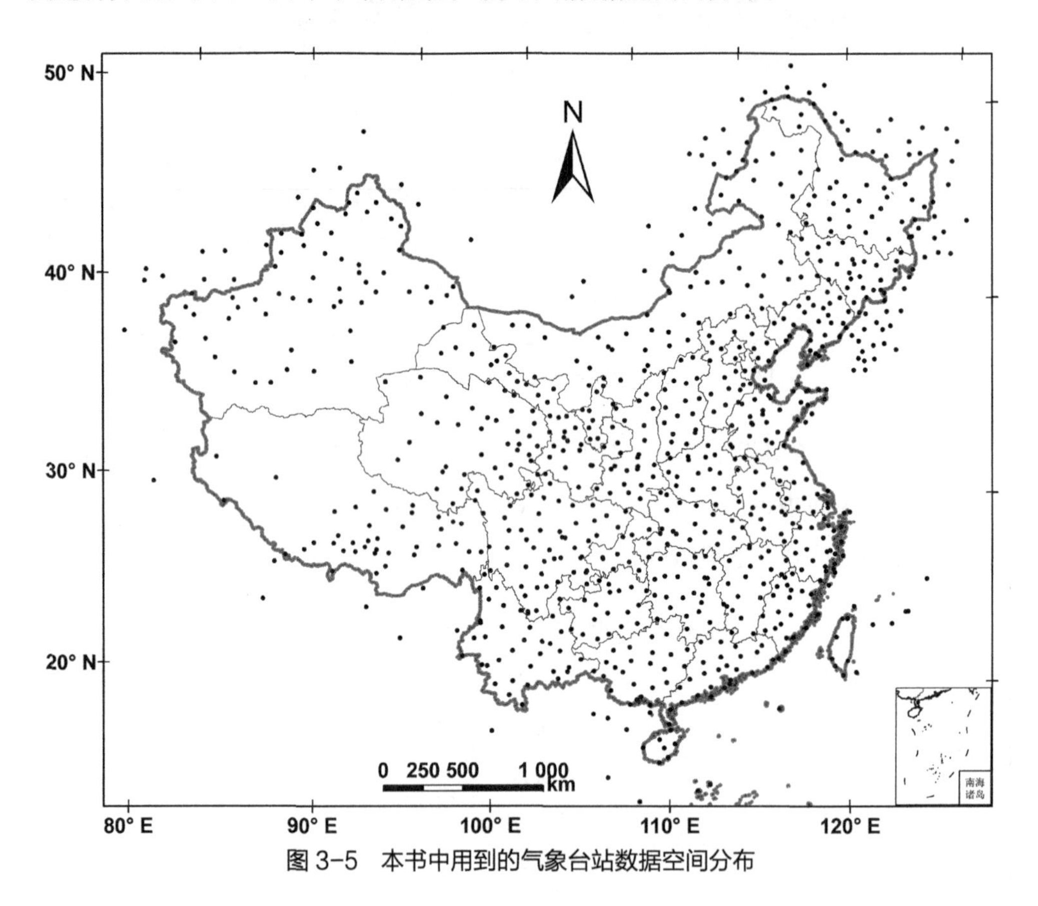


图 3-5　本书中用到的气象台站数据空间分布

## 3.2.4　土壤表层湿度

土壤表层湿度数据采用由美国航空航天局戈达德空间飞行中心（GSFC）开发的陆面信息系统（Land Information System，LIS）中的 NOAH 陆面过程模式模拟地表关键水文要素得到的数据。模式具体模拟流程如图 3-6 所示。

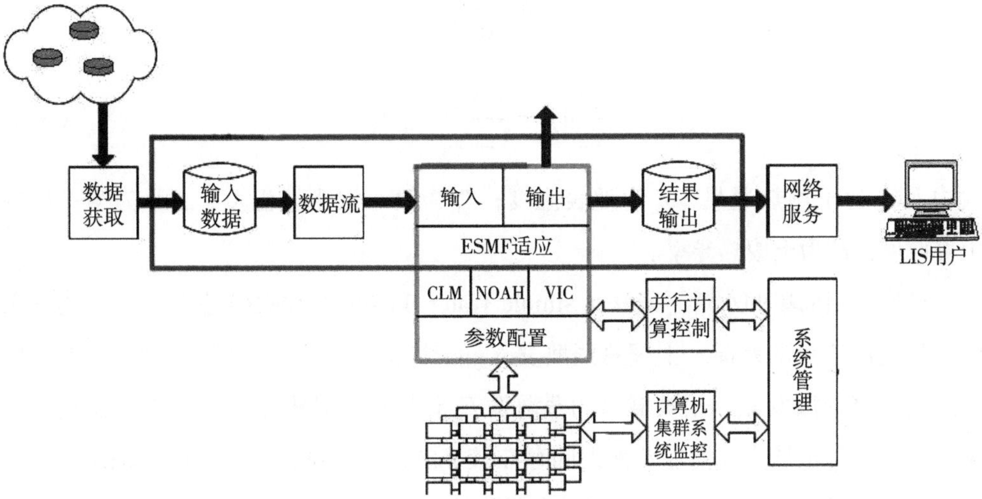

图 3-6　LIS 运算系统结构

NOAH 陆面过程模式是由 OSU-LSM（Oregon State University/Land Surface Model）发展而来的，2000 年正式定名，经过多年不断完善，已经被广泛用于陆面过程的综合模拟。

土壤热力学方法和土壤水动力学方法是整个模式的灵魂。前者采用的是普遍使用的土壤温度热扩散方程：

$$C(\Theta)\frac{\partial T}{\partial t}=\frac{\partial}{\partial z}[K_t(\Theta)\frac{\partial T}{\partial z}] \tag{3-5}$$

式中，$C$ 为土壤容积热容量，J/cm$^3$ · ℃；$K_t$ 为导热率，J/（m · s · k），都是土壤容积含水量 $\Theta$ 的函数；$z$ 为土壤厚度，$T$ 为温度，℃。后者采用的是广泛使用的 Richard 公式，见式（3-6），Richard 公式来源于 Darcy 定律，假设了一个各向同性的、均匀的、垂直一维方向流动的土壤水，这也就决定了 NOAH 模式是一个一维的陆面模式，没有考虑水分的侧向流动。

$$\frac{\partial \Theta}{\partial t}=\frac{\partial}{\partial z}(D\frac{\partial \Theta}{\partial z})+\frac{\partial K}{\partial z}+F_{\Phi} \tag{3-6}$$

式中，$D$ 为土壤水扩散率；$K$ 为导水率，它们是土壤容积含水量 $\Theta$ 的函数；$z$ 为深度；$t$ 为时间；$F_{\Phi}$ 为土壤水的源和汇（降水、蒸散发和径流等）。模式将式（3-6）积分至 4 个土壤层进行计算，分别为从表层至 10 cm、30 cm、60 cm 和 1 m 的深度，因此其输出包括 4 层土壤的温度和湿度。在此基础上，利用地表温度和第一层土壤温度的梯度计算土壤热通量：

$$G_0 = \left(K\frac{\partial T}{\partial z}\right)\Big|_{Z=0} \tag{3-7}$$

$$\frac{\partial T}{\partial z}\Big|_{Z_0} = \frac{T_s - T_1}{0.5\Delta z_1} \tag{3-8}$$

式中，$G_0$ 为土壤热通量，$T_s$ 为地表温度；$T_1$ 为第一层土壤温度；$\Delta z_1$ 为第一层的土壤厚度；$K$ 为土壤热导率。

径流采用简单的水量平衡法（Simple Water Balance，SWB）获得，定义为降雨量与最大渗透量的差值。土壤总蒸散发 $E_{总}$的计算主要考虑了 3 种类型，包括土壤表层的直接蒸散发 $E_s$、植被截留的蒸散发 $E_c$ 和植被及其根系的蒸腾 $E_v$。这里，土壤直接蒸散发被认为与潜在蒸散发间存在较好的线性关系，潜在蒸散发采用经典的 Penman 公式计算而得。植被及其根系蒸腾的计算则采用传统的阻抗法。具体见式（3-9）～式（3-12）：

$$E_{总} = E_s + E_c + E_v \tag{3-9}$$

$$E_s = (1-f)\beta E_p \tag{3-10}$$

$$E_c = fE_p(\frac{W_c}{S})^n, \qquad \frac{\partial W_c}{\partial \mathrm{t}} = fP - D - E_c \tag{3-11}$$

$$E_v = fE_pB_c[1-\left(\frac{W_c}{S}\right)^n] \tag{3-12}$$

式中，$f$ 为地表覆盖率 %；$\beta$ 为相对土壤水分含量；$W_c$ 为植被截留的水量；$S$ 为最大的植被截水量；$P$ 为总降水量；$D$ 为到达地面的降水量；$B_c$ 为植被阻抗的相关函数。另外，地表能量平衡方程，见式（3-13），也是模式的关键组成部分：

$$R_n = S_0(1-\alpha) + R_{ld} - \sigma\varepsilon T_s^4 = H + \mathrm{LE} + G \tag{3-13}$$

式中，$R_n$ 为净辐射；$S_0$ 为太阳总辐射；$\alpha$ 为地表反照率；$R_{ld}$ 为下行辐射；$\sigma$ 为玻尔兹曼常数；$\varepsilon$ 为地表发射率；$T_s$ 为地表温度；$H$ 为显热通量；LE 为潜热通量；$G$ 为土壤热通量。这些共同组成了 NOAH 模式的核心计算方法。

NOAH 模式运行需要两类最基本的输入数据，一类是气象强迫数据，另一类是地表参数数据，本书使用的具体数据介绍如下，这些数据都是国际上公开发布的，且目前被广泛使用，具有普适性。

本书使用的气象强迫数据来源于美国国家环境预测中心（NCEP）的大气同化

产品和模型再分析资料，是经过全球资料同化系统（GDAS）同化多种常规资料和卫星观测资料而得，应用非常广泛。该数据集包括空气温度、湿度、近地表风速、近地表气压、可降水量、土壤湿度、地表温度等，时间分辨率为 3 h，空间分辨率为 50 km。由于这套数据的空间分辨率较低，难以满足陆面模型运算尺度的需要，因此，应用时采用双线性内插法将其空间重采样至 1 km 分辨率进行运算，这也是目前对气象强迫数据进行降尺度处理使用的普遍方法之一。

NOAH 模式运算需要的地表参数数据分为如下几类：a）来自马里兰大学（UMD）的海陆掩膜数据，1 km 空间分辨率；b）马里兰大学（UMD）由 NOAA-AVHRR 数据制备而成的全球 1 km 静态陆地覆盖分类数据，UMD 陆地覆盖分类包括 11 种植被，加上水体、裸地和居民点共有 14 种覆盖类型；c）土壤参数，包括土壤颜色、土壤中黏土所占比例和沙土所占比例，它们来自联合国粮食及农业组织（FAO）公布的全球土壤数据库；d）稳定的植被属性参数，包括根系层数、最小气孔阻抗、粗糙度等；e）稳定的土壤属性参数，包括模型定义的土壤各层深度、最大土壤体积含水量、饱和土壤水分扩散率、凋萎系数、土壤中石英含量等，这类参数来源于 GSWP-2（Global Soil Wetness Project，全球土壤湿度项目）的发布，详细信息可参考 http: //www.iges.org/gswp2/；f）季度平均的无雪情况下的地表反照率和月平均的地表植被覆盖率，来自 MODIS 地表反照率的数据产品；g）叶面积指数（LAI）和茎干面积指数（SAI），也来自 MODIS 数据产品。

在这些输入数据的驱动下，本书对我国陆面水文要素进行了模拟。从模拟结果中选择 1990 年、1995 年、2000 年和 2005 年土壤表层 0～10 cm 土壤湿度，进行土壤风蚀敏感性研究。

## 3.2.5　土壤可蚀性

诺谟图模型是当前使用最为广泛的一种确定土壤可蚀性 $K$ 值的方法：

$$K=\left[2.1\times10^{-4}(12-\mathrm{OM})M^{1.14}+3.25(S-2)+2.5(P-3)\right]/100 \tag{3-14}$$

式中，$K$ 为土壤可蚀性，t · acre · h；$M$ 为优势粒径组成的乘积，$M=\dfrac{\mathrm{Silt}}{\mathrm{Silt}+\mathrm{Sand}}$，其中 Silt 为粉粒（0.002～0.1 mm）含量，Sand 为砂粒（0.1-2 mm）含量；OM 为有机质含量；$S$ 为土壤结构性指数；$P$ 为土壤可渗透性指数。

诺谟图关系是根据美国中西部地区的模拟降雨资料推导得出的，其试验大多是在中等质地土壤上进行的（Mannering，1967），因此该模型很适合计算低团粒性、中等质地土壤的可蚀性。诺谟图模型中涉及的结构性指数和可渗透性指数见表 3-3。

表 3-3　诺谟图中结构性指数与可渗透性指数的定义

| 结构性指数 | 含义 | 可渗透性指数 | 含义 |
| --- | --- | --- | --- |
| 1 | 非常坚固<br>（very structured or particulate） | 1 | 快速的<br>（rapid） |
| 2 | 很坚固<br>（fairly structured） | 2 | 中快速<br>（moderate to rapid） |
| 3 | 较坚固<br>（slightly structured） | 3 | 中速的<br>（moderate） |
| 4 | 坚固<br>（solid） | 4 | 中慢速<br>（moderate to slow） |
|  |  | 5 | 慢速的<br>（slow） |
|  |  | 6 | 极慢的<br>（very slow） |

诺谟图模型的关系简单易用，根据式（3-14）计算的结果为美国制单位，如果需要国际制单位，需要在式（3-14）的右边乘以 0.131 7 换算为国际制。除此之外，该模型还存在以下两个缺点：一是模型只适用于有机质含量低于 12% 的土壤；二是模型中关于土壤性质的结构性指数和可渗透性指数为经验系数，属于定性描述。

本书中土壤可蚀性计算用到的是 1∶100 万中国土壤数据库，数据库根据全国土壤普查办公室 1995 年编制并出版的《1∶100 万中华人民共和国土壤图》，采用传统的“土壤发生分类”系统（基本制图单元为亚类），共分出 12 个土纲、61 个土类、227 个亚类。土壤属性数据库记录数达 2 647 条，属性数据项 16 个，基本覆盖了全国各种类型的土壤及其主要属性特征。此外，还查阅了《山西土壤》和《陕西土种志》，对原数据库中缺失的部分土壤属性进行了补充。

### 3.2.6　土壤质地敏感性

生态系统敏感性评价方法中对土壤质地敏感性定级是基于我国土壤质地分类系统；而本书中用到的土壤数据库属于国际制土壤质地分类系统，因此，参考表 3-4 和表 3-5，根据实际情况，对土壤数据库中的淋溶土、半淋溶土、钙层土、干旱土、漠土、初育土、半水成土、水成土、盐碱土、人为土、高山土、铁铝土进行了土壤质地对土壤侵蚀的敏感性定级。

**表 3-4　国际制土壤质地分类定级（熊顺贵，2001）**

| 质地类别 | 分类质地名称 | 各级土粒占比 /% | | | 敏感性定级 |
|---|---|---|---|---|---|
| | | 黏粒（<0.02 mm） | 粉粒（0.002～0.02 mm） | 砂粒（0.02～2 mm） | |
| 砂土类 | 砂土及壤质砂土 | 0～15 | 0～15 | 85～100 | 2 |
| | 砂质壤土 | 0～15 | 0～45 | 55～85 | 3 |
| 壤土类 | 壤土 | 0～15 | 30～45 | 40～55 | 4 |
| | 粉砂质壤土 | 0～15 | 45～100 | 0～55 | 5 |
| | 砂质黏壤土 | 15～25 | 0～30 | 55～85 | 4 |
| 黏壤土类 | 黏壤土 | 15～25 | 20～45 | 30～55 | 4 |
| | 粉砂质黏壤土 | 15～25 | 45～85 | 0～40 | 4 |
| | 砂质黏土 | 25～45 | 0～20 | 55～75 | 3 |
| | 壤质黏土 | 25～45 | 0～45 | 10～55 | 4 |
| 黏土类 | 粉砂质黏土 | 25～45 | 45～75 | 0～30 | 4 |
| | 黏土 | 45～65 | 0～35 | 0～55 | 2 |
| | 重黏土 | 65～100 | 0～35 | 0～35 | 2 |

**表 3-5　我国土壤质地分类（邵明安，2006）**

<table>
<tr><th rowspan="2">质地组</th><th rowspan="2">质地名称</th><th colspan="3">颗粒组成 /%</th><th rowspan="2">敏感性定级</th></tr>
<tr><th>砂粒（0.05～1 mm）</th><th>粗粉粒（0.01～0.05 mm）</th><th>黏粒（<0.001 mm）</th></tr>
<tr><td rowspan="4">砂土</td><td>极重砂土</td><td>>80</td><td></td><td rowspan="8"><30</td><td>2</td></tr>
<tr><td>重砂土</td><td>70～80</td><td></td><td>2</td></tr>
<tr><td>中砂土</td><td>60～70</td><td></td><td>2</td></tr>
<tr><td>轻砂土</td><td>50～60</td><td></td><td>3</td></tr>
<tr><td rowspan="5">壤土</td><td>砂粉土</td><td>≥20</td><td rowspan="2">>40</td><td>5</td></tr>
<tr><td>粉土</td><td><20</td><td>5</td></tr>
<tr><td>砂壤土</td><td>≥20</td><td rowspan="2"><40</td><td>4</td></tr>
<tr><td>壤土</td><td><20</td><td>3</td></tr>
<tr><td>砂黏土</td><td>≥50</td><td></td><td>≥30</td><td>3</td></tr>
<tr><td rowspan="4">黏土</td><td>轻黏土</td><td></td><td></td><td>30～35</td><td>4</td></tr>
<tr><td>中黏土</td><td></td><td></td><td>35～40</td><td>4</td></tr>
<tr><td>重黏土</td><td></td><td></td><td>40～60</td><td>2</td></tr>
<tr><td>极重黏土</td><td></td><td></td><td>>60</td><td>2</td></tr>
</table>

### 3.2.7 降雨侵蚀力

章文波等（2002、2003）利用日降雨资料，以半月为时段，建立了利用日雨量计算半月侵蚀力的简易算法模型：

$$M = \alpha \sum_{j=1}^{k} \left(P_j\right)^{\beta} \tag{3-15}$$

式中，$M$ 为某半月时段的降雨侵蚀力值，MJ · mm · $hm^{-2}$ · $h^{-1}$，半月时段的划分以每月第 15 日为界，每月前 15 天作为一个半月时段，该月剩余天数作为另一个半月时段，这样将全年依次划分为 24 个时段；$k$ 为半月时段内的天数，d；$P_j$ 为半月时段内第 $j$ 天的侵蚀性日雨量，要求日雨量≥12 mm，否则以 0 计算，阈值 12 mm 基于中国侵蚀性降雨标准（谢云等，2000、2001）；$\alpha$、$\beta$ 为模型待定参数，

$$\beta = 0.8363 + \frac{18.144}{P_{d12}} + \frac{24.455}{P_{y12}} \tag{3-16}$$

$$\alpha = 21.586\beta^{-7.1891} \tag{3-17}$$

式中，$P_{d12}$ 为日雨量≥12 mm 的日平均雨量；$P_{y12}$ 为日雨量≥12 mm 的年平均雨量。本书中，首先利用 1980—2009 年中国及周边国际交换站日降雨数据，代入式（3-16）和式（3-17），计算各站的 $\alpha$、$\beta$ 值，然后代入式（3-15）计算逐年各半月的降雨侵蚀力，经汇总可得到年降雨侵蚀力。采用 ANUSPLINE 方法进行插值，得到年降雨侵蚀力值空间分布，然后进行分级。

### 3.2.8 年降水量与大于 0℃天数

年降水量数据采用中国及周边国际交换站年降水量气象数据，利用 ANUSPLINE 进行插值，生成空间栅格数据，然后根据其对冻融侵蚀的相关性进行分级。

对大于 0℃天数的数据，首先计算中国及周边国际交换站每年气温日值数据中大于 0℃天数，利用 ANUSPLINE 插值成空间栅格数据，然后根据其对冻融侵蚀的相关性进行分级。

## 3.3 土壤侵蚀敏感性评价指标体系

参考生态系统敏感性评价方法，基于以往学者在水力侵蚀、风力侵蚀和冻融侵

蚀敏感性方面的研究，根据实际情况，考虑评价地区资料的可获取性，本研究制定和发展了土壤风蚀、水蚀和冻融侵蚀敏感性评价指标体系和方法。

### 3.3.1 风蚀敏感性评价指标体系

土壤风蚀敏感性的指标主要有土壤质地、土壤可蚀性、地形起伏度、植被覆盖状况、风场强度和土壤表层湿度。本研究对各因子分别评价，然后进行综合。本次评价中植被状况、风场强度和土壤表层湿度三项指标随时间而发生变化，分别为1990年、1995年、2000年和2005年四期的数据。见表3-6。

表3-6 土壤风蚀敏感性指标分级

| 分级 | 不敏感 | 轻度敏感 | 中度敏感 | 重度敏感 | 极敏感 |
|---|---|---|---|---|---|
| 土壤质地 | 石砾、砂 | 粗砂土、细砂土、黏土 | 面砂土、壤土 | 砂壤土、粉黏土、壤黏土 | 砂粉土、粉土 |
| 土壤可蚀性 | $K<0.018$ | $0.018<K\leqslant0..036$ | $0.036<K\leqslant0.054$ | $0.054<K\leqslant0.072$ | $K>0.072$ |
| 地形起伏度 /m | >300 | 100～300 | 50～100 | 20～50 | <20 |
| 植被覆盖状况 | 水田，水体，居民地和建设用地，沼泽地，裸岩石砾地 | 平坦旱地，林地，高覆盖草地 | 山地和丘陵旱地，中覆盖草地 | >25°坡耕地，低覆盖草地 | 植被盖度低于5%的荒漠、沙地、盐碱地、裸土地、其他未利用土地等 |
| 风场强度 | <200 | 200～2 000 | 2 000～10 000 | 10 000～20 000 | >20 000 |
| 土壤表层湿度 /% | >35 | 30～35 | 20～30 | 15～20 | <15 |
| 分级赋值 | 1 | 2 | 3 | 4 | 5 |

### 3.3.2 水蚀敏感性评价指标体系

土壤水蚀敏感性的指标主要有土壤质地、土壤可蚀性、地形起伏度、植被覆盖状况、降雨侵蚀力。本次评价中植被状况、降雨侵蚀力两项指标随时间而发生变化，分别为1990年、1995年、2000年和2005年四期的数据。见表3-7。

表 3-7　土壤水蚀敏感性影响的分级

| 分级 | 不敏感 | 轻度敏感 | 中度敏感 | 重度敏感 | 极敏感 |
| --- | --- | --- | --- | --- | --- |
| 降雨侵蚀力 / $MJ \cdot mm \cdot hm^{-2} \cdot h^{-1} \cdot a^{-1}$ | <100 | 100～2 000 | 2 000～5 000 | 5 000～12 000 | >12 000 |
| 土壤质地 | 石砾、砂 | 粗砂土、细砂土、黏土 | 面砂土、壤土 | 砂壤土、粉黏土、壤黏土 | 砂粉土、粉土 |
| 土壤可蚀性 / $t \cdot acre \cdot h$ | $K<0.018$ | $0.018<K\leqslant0.036$ | $0.036<K\leqslant0.054$ | $0.054<K\leqslant0.072$ | $K>0.072$ |
| 地形起伏度 /m | 0～20 | 20～50 | 50～100 | 100～300 | >300 |
| 植被覆盖状况 | 水田，水体，居民地和建设用地，沼泽地，裸岩石砾地 | 平坦旱地，林地，高覆盖草地 | 山地和丘陵旱地，中覆盖草地 | >25° 坡耕地，低覆盖草地 | 植被盖度低于5%的荒漠、沙地、盐碱地、裸土地、其他未利用土地等 |
| 分级赋值 | 1 | 2 | 3 | 4 | 5 |

### 3.3.3　冻融侵蚀敏感性评价指标体系

土壤冻融侵蚀的影响因素有大于 0℃天数、年降水量、地形起伏度、植被覆盖状况和土壤质地。其中大于 0℃天数、年降水量和植被覆盖状况随时间发生变化，分别为 1990 年、1995 年、2000 年和 2005 年四期的数据。见表 3-8。

表 3-8　土壤冻融侵蚀敏感性影响的分级

| 分级 | 不敏感 | 轻度敏感 | 中度敏感 | 重度敏感 | 极敏感 |
| --- | --- | --- | --- | --- | --- |
| 大于 0℃天数 /d | >320 | 280～320 | 240～280 | 200～240 | <200 |
| 年降水量 / mm | <200 | 200～400 | 400～1 000 | 1 000～1 600 | >1 600 |
| 土壤质地 | 石砾、砂 | 粗砂土、细砂土、黏土 | 面砂土、壤土 | 砂壤土、粉黏土、壤黏土 | 砂粉土、粉土 |
| 地形起伏度 /m | 0～20 | 20～50 | 50～100 | 100～300 | >300 |
| 植被覆盖状况 | 水田，水体，居民地和建设用地，沼泽地，裸岩石砾地 | 平坦旱地，林地，高覆盖草地 | 山地和丘陵旱地，中覆盖草地 | >25° 坡耕地，低覆盖草地 | 植被盖度低于5%的荒漠、沙地、盐碱地、裸土地、其他未利用土地等 |
| 分级赋值 | 1 | 2 | 3 | 4 | 5 |

## 3.4　综合评价方法

### 3.4.1　土壤侵蚀敏感性指数计算

土壤侵蚀敏感性指数计算主要采用开 $n$ 次方的形式进行，然后根据得到的敏感性指数赋予不同的等级。

$$S = \sqrt[n]{\prod_{i}^{n} C_i} \tag{3-18}$$

式中，$S$ 为土壤侵蚀敏感性指数；$C_i$ 为 $i$ 因子敏感性等级值；$n$ 为土壤侵蚀敏感性影响因子的个数；$i$=1，2，…，$n$。

根据计算结果，将植被覆盖指标中不敏感区域（水田、水体、建设用地、沼泽地、裸岩石砾地）赋值为 1，因为此区域无论评价指标如何变化，始终对土壤侵蚀不敏感。

### 3.4.2　水蚀、风蚀和冻融侵蚀区划分

本书以中国科学院资源环境科学数据中心提供的基于遥感和 GIS 提取的 1995 年和 2005 年的土壤侵蚀数据为基础，将我国地区划分为水力侵蚀区、风力侵蚀区和冻融侵蚀区，分别进行土壤侵蚀敏感性评价（见图 3-7、图 3-8）。

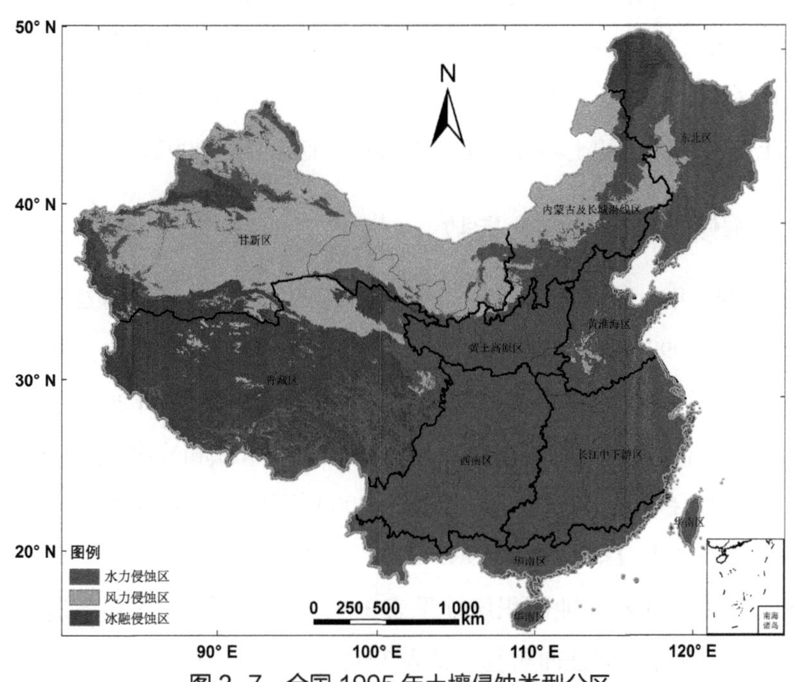

图 3-7　全国 1995 年土壤侵蚀类型分区

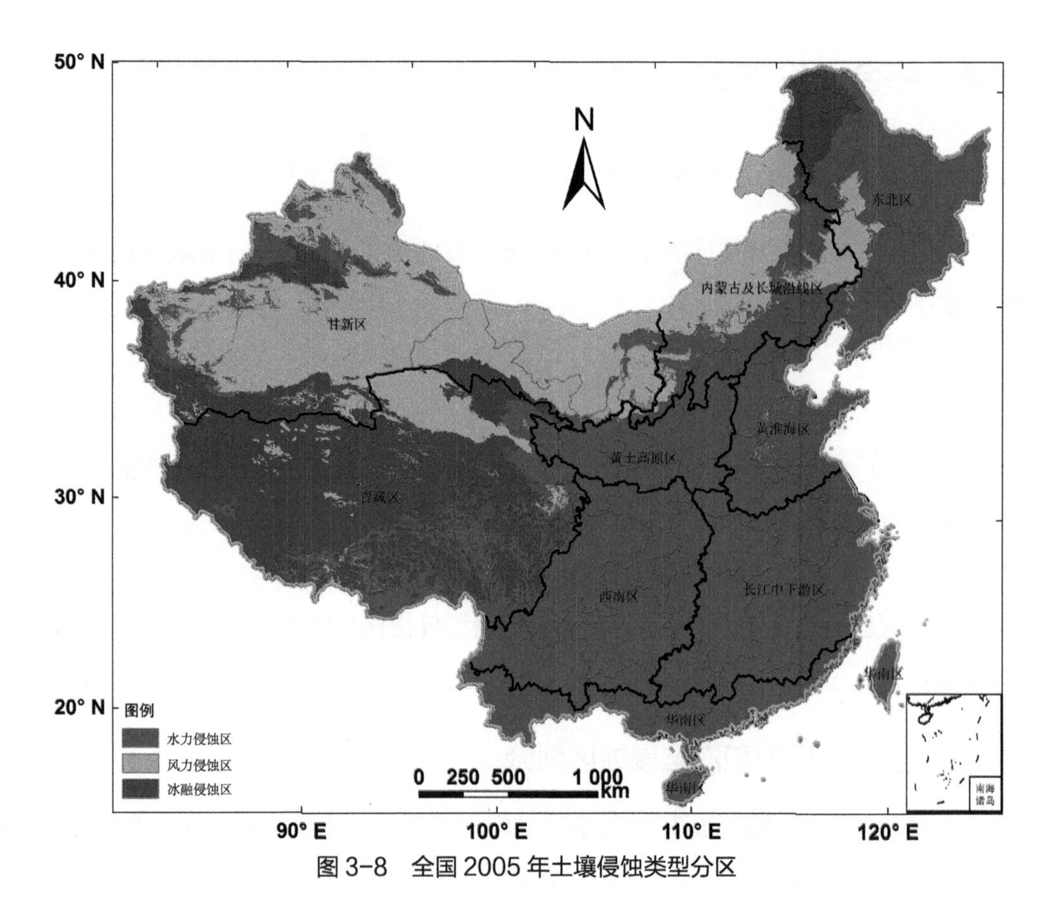

图 3-8　全国 2005 年土壤侵蚀类型分区

数据采用全数字作业的人机交互判读分析方法，根据 TM 影像、土地利用现状和动态图、DEM，并参考其他影响土壤侵蚀类型及其强度的相关资料及图件，分析土壤侵蚀类型、坡度、植被覆盖度、地表组成物质等状况，经过综合分析而直接判定每个土地利用图斑的土壤侵蚀类型及强度（赵晓丽，2002；张增祥，1998）。

### 3.4.3　土壤侵蚀敏感性综合指数

在获得 1990 年、1995 年、2000 年和 2005 年四期风蚀、水蚀和冻融侵蚀敏感性的评价结果后，1990 年和 1995 年风蚀、水蚀和冻融侵蚀敏感性评价结果按照 1995 年土壤风蚀、水蚀和冻融侵蚀强度现状数据的范围，2000 年和 2005 年风蚀、水蚀和冻融侵蚀敏感性评价结果按照 2005 年土壤风蚀、水蚀和冻融侵蚀强度现状数据的范围，分别综合形成 1990 年、1995 年、2000 年和 2005 年四期中国陆地表层土壤侵蚀敏感性综合指数空间分布数据。1995 年和 2005 年各省（市、区）土壤水力侵蚀、风力侵蚀和冻融侵蚀面积统计见表 3-9；1995 年和 2005 年各地区土壤水力侵蚀、风力侵蚀和冻融侵蚀面积统计见表 3-10。

表 3-9　省、自治区、直辖市土壤水力侵蚀、风力侵蚀和冻融侵蚀面积　单位：$km^2$

| 省、自治区、直辖市 | 水力侵蚀面积 | | 风力侵蚀面积 | | 冻融侵蚀面积 | |
|---|---|---|---|---|---|---|
| | 1995 年 | 2005 年 | 1995 年 | 2005 年 | 1995 年 | 2005 年 |
| 上海市 | 5 952 | 5 952 | | | | |
| 天津市 | 11 502 | 11 514 | | | | |
| 北京市 | 16 377 | 16 379 | | | | |
| 宁夏回族自治区 | 27 995 | 28 036 | 23 844 | 23 827 | | |
| 海南省 | 32 739 | 32 663 | 180 | 262 | | |
| 台湾地区 | 34 750 | 34 742 | | | | |
| 重庆市 | 82 444 | 82 443 | | | | |
| 江苏省 | 99 156 | 99 150 | | | | |
| 浙江省 | 99 437 | 99 452 | | | | |
| 青海省 | 118 409 | 118 464 | 177 994 | 180 476 | 419 163 | 416 776 |
| 福建省 | 119 220 | 119 193 | 24 | 50 | | |
| 安徽省 | 140 260 | 140 249 | | | | |
| 辽宁省 | 141 060 | 141 008 | 3 061 | 3 121 | | |
| 吉林省 | 144 413 | 144 555 | 45 607 | 45 493 | | |
| 山东省 | 148 764 | 148 655 | 3 211 | 3 313 | | |
| 河南省 | 149 511 | 165 437 | 15 990 | 72 | | |
| 山西省 | 156 413 | 156 425 | | | | |
| 江西省 | 167 043 | 167 000 | | | | |
| 广东省 | 173 780 | 173 765 | | | | |
| 贵州省 | 175 935 | 175 941 | | | | |
| 河北省 | 176 319 | 176 039 | 10 670 | 10 929 | | |
| 湖北省 | 185 946 | 185 937 | | | | |
| 陕西省 | 192 361 | 192 086 | 13 478 | 13 806 | | |
| 湖南省 | 212 044 | 211 975 | | | | |
| 甘肃省 | 229 595 | 183 097 | 166 107 | 168 952 | 9 421 | 52 018 |
| 广西壮族自治区 | 235 533 | 235 526 | | | | |
| 西藏自治区 | 252 757 | 252 358 | 28 567 | 28 586 | 919 338 | 919 644 |
| 新疆维吾尔自治区 | 282 778 | 285 093 | 1 048 235 | 1 046 719 | 301 022 | 300 155 |
| 内蒙古自治区 | 309 821 | 310 302 | 718 513 | 718 264 | 116 645 | 116 536 |
| 云南省 | 381 014 | 380 920 | | | 1 164 | 1 247 |
| 黑龙江省 | 398 065 | 398 385 | 20 946 | 20 918 | 30 398 | 30 084 |
| 四川省 | 424 438 | 371 265 | 9 722 | 9 409 | 49 535 | 103 099 |

表 3-10　各地区土壤水力侵蚀、风力侵蚀和冻融侵蚀面积　单位：$km^2$

| 地区 | 水力侵蚀面积 | | 风力侵蚀面积 | | 冻融侵蚀面积 | |
|---|---|---|---|---|---|---|
| | 1995 年 | 2005 年 | 1995 年 | 2005 年 | 1995 年 | 2005 年 |
| 内蒙古及长城沿线地区 | 362 019 | 361 652 | 407 695 | 408 215 | 10 030 | 10 035 |
| 甘新地区 | 372 891 | 332 627 | 1 565 305 | 1 566 530 | 309 471 | 347 340 |
| 黄土高原地区 | 408 511 | 408 302 | 6 369 | 6 389 | 375 | 665 |
| 黄淮海地区 | 416 524 | 432 319 | 19 251 | 3 459 | | |
| 华南地区 | 480 466 | 480 406 | 189 | 291 | | |
| 青藏高原地区 | 595 358 | 538 939 | 216 845 | 219 011 | 1 388 786 | 1 443 083 |
| 东北地区 | 733 794 | 734 402 | 70 992 | 70 908 | 137 188 | 136 759 |
| 长江中下游地区 | 966 970 | 966 868 | | | | |
| 西南地区 | 992 416 | 991 630 | | | 1 789 | 2 631 |

# 第四章

# 中国国家尺度土壤侵蚀敏感性因子的生成与分析

土壤侵蚀敏感性取决于下垫面因素和外在因素的侵蚀力。影响水力侵蚀发生的因素主要有降雨侵蚀力、土壤可蚀性；影响风力侵蚀发生的因素主要有风场强度、土壤表层湿度；影响冻融侵蚀的因素主要有大于0℃天数、年降水量。其他因素还有地形起伏度、地表覆盖情况和土壤质地，这三个因素是风力、水力和冻融侵蚀的公共影响因子。土壤侵蚀敏感性评价主要基于专家的经验，并综合考虑各评价因子的特征以及对土壤侵蚀危险度的影响，将各因子分为数量相等或不等的级别，然后通过数学分析方法，综合考虑各因子分级情况和各因子之间的交互作用，确定土壤侵蚀敏感性分级。

在进行土壤侵蚀敏感性评价之前，本书在全国尺度上将对土壤侵蚀敏感性各影响因子计算结果进行分析。

## 4.1　水力侵蚀因子

水力侵蚀敏感性评价主要基于USLE/RUSLE模型。该模型是由美国农业部联合全美的水土保持与土壤侵蚀研究机构，利用长时间序列的实测资料开发而成，是当前使用最为广泛的土壤侵蚀预报模型。无论是USLE模型还是RUSLE模型，其中均包含了6个参数，即降雨侵蚀力 $R$、土壤可蚀性 $K$、坡度因子 $S$、坡长因子 $L$、覆盖管理因子 $C$ 和水土保持因子 $P$，只是RUSLE模型中对这6个参数进行了更为细致的处理，对每个因子提出了子因子的概念，即认为每个因子是若干个子因子作用叠加的结果（Renard et al.，1983、1991、1997）。

本书首先对USLE/RUSLE模型中降雨侵蚀力因子 $R$ 和土壤可蚀性因子 $K$ 的制备和结果进行统计分析，描述其空间变异。在本书中，坡度因子 $S$ 和坡长因子 $L$ 由地形起伏度因子代替，覆盖管理因子 $C$ 由植被覆盖因子代替，水土保持因子属于受人类工程影响较强的因子，本书暂未考虑。

### 4.1.1　降雨侵蚀力

雨滴击溅作用和因降雨产生的径流，是最主要的土壤侵蚀动力。降雨侵蚀力能反映降雨引起土壤侵蚀的潜在能力，是USLE和RUSLE中的一个基本因子（章文波，2002）。由于很难获得长时间序列的次降雨资料，一般利用气象站整编的年降雨量、月降雨量或日降雨量等计算降雨侵蚀力（章文波，2003）。

本书主要利用中国地区756个气象站点及周边284个国际站点的日降雨资料，

采用章文波等（2002、2003）的方法，计算了1980年以来中国及周边地区站点年降雨侵蚀力，并利用GIS手段，通过ANUSPLINE方法生成1990年、1995年、2000年、2005年降雨侵蚀力1 km栅格数据。为了防止年际之间降雨量变化差异过大、增强每一期降雨侵蚀力代表性，各期降雨侵蚀力数据均由前后两年和当年数据求均值生成。

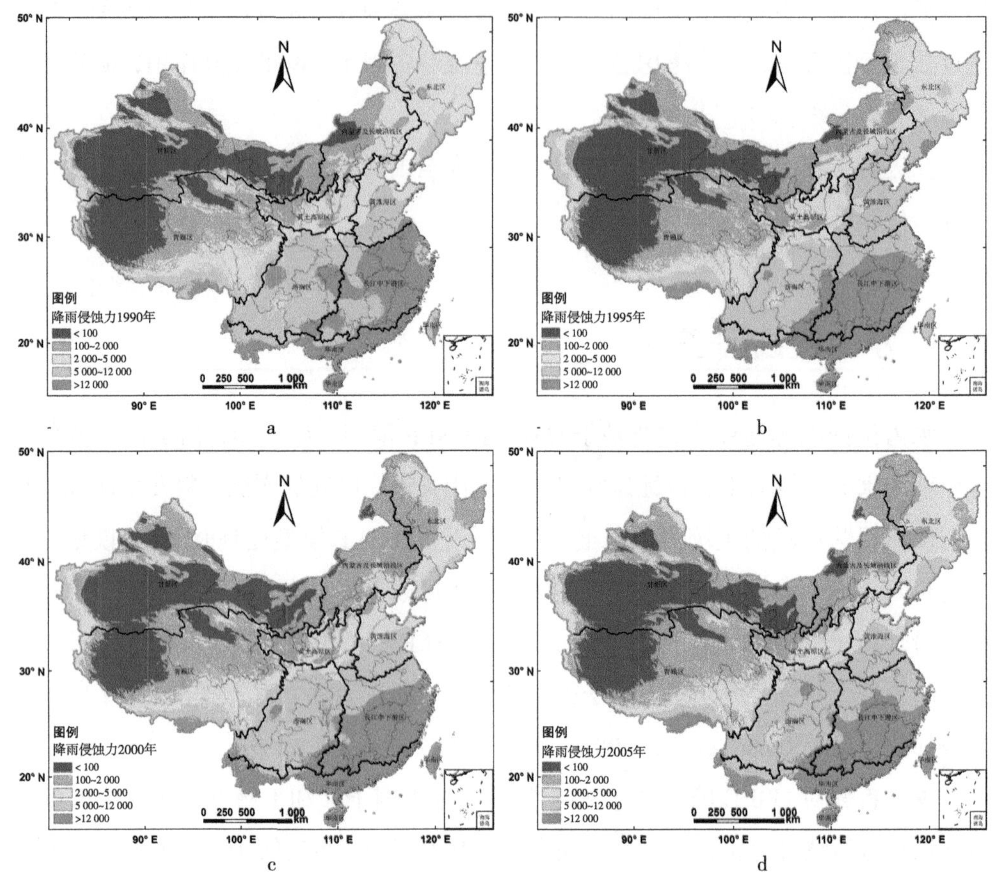


图 4-1　中国地区年降雨侵蚀力空间分布

［单位：（MJ・mm）/（$hm^2$・h・a）］

从空间上来看，降雨侵蚀力较小地区主要在我国北部和西北部，降雨侵蚀力较大地区主要分布在我国南部和东南部，降雨侵蚀力从我国东南向西北逐渐减小。这是由于我国东南部地区年降水量较大，次降雨较强，降雨对土壤的侵蚀能力较强；西北地区年降水量较少，次降雨较弱，降雨对土壤的侵蚀能力较弱。另外，青藏高原南部海拔地区受西南季风天气影响，降水量较大，降雨对土壤的侵蚀能力也较强。

表 4-1　省、自治区、直辖市降雨侵蚀力均值

单位：（MJ · mm）/（$hm^2$ · h · a）

| 省、自治区、直辖市 | 1990 年 | 1995 年 | 2000 年 | 2005 年 |
| --- | --- | --- | --- | --- |
| 宁夏回族自治区 | 1 032.28 | 1 609.72 | 1 042.17 | 627.35 |
| 新疆维吾尔自治区 | 910.05 | 1 000.22 | 999.61 | 757.49 |
| 内蒙古自治区 | 1 411.80 | 1 359.62 | 869.45 | 902.61 |
| 甘肃省 | 1 273.11 | 1 079.82 | 1 130.59 | 1 103.22 |
| 青海省 | 1 294.79 | 1 078.41 | 1 142.16 | 1 130.32 |
| 黑龙江省 | 3 208.87 | 3 293.73 | 2 059.28 | 2 281.93 |
| 北京市 | 3 790.16 | 6 161.88 | 1 865.70 | 2 335.13 |
| 西藏自治区 | 2 490.19 | 2 356.66 | 2 422.15 | 2 433.19 |
| 山西省 | 2 683.24 | 3 734.98 | 2 459.50 | 2 555.79 |
| 河北省 | 3 688.66 | 5 687.34 | 2 640.34 | 2 963.34 |
| 吉林省 | 4 149.88 | 4 746.03 | 3 137.77 | 3 342.74 |
| 天津市 | 4 302.02 | 7 117.59 | 2 725.24 | 3 699.05 |
| 陕西省 | 3 790.00 | 3 391.20 | 3 435.87 | 3 922.82 |
| 辽宁省 | 4 845.37 | 8 302.85 | 3 552.15 | 5 203.08 |
| 四川省 | 6 925.78 | 5 354.77 | 6 553.65 | 5 297.73 |
| 上海市 | 10 146.90 | 7 869.44 | 13 638.50 | 6 377.66 |
| 山东省 | 5 929.50 | 6 788.42 | 5 337.16 | 6 751.11 |
| 河南省 | 6 291.17 | 6 442.83 | 6 271.22 | 6 965.74 |
| 贵州省 | 8 465.65 | 10 082.70 | 10 026.10 | 8 113.35 |
| 江苏省 | 12 661.50 | 7 559.96 | 8 392.68 | 8 582.17 |
| 云南省 | 9 130.69 | 9 500.71 | 10 859.70 | 8 610.32 |
| 重庆市 | 10 107.70 | 9 070.40 | 9 412.80 | 8 821.88 |
| 湖北省 | 11 689.30 | 10 498.00 | 9 088.01 | 9 516.99 |
| 安徽省 | 14 881.50 | 12 073.00 | 10 831.30 | 10 034.50 |
| 浙江省 | 14 369.70 | 14 944.70 | 14 454.60 | 11 845.00 |
| 湖南省 | 12 159.10 | 14 837.80 | 13 185.70 | 12 514.00 |
| 广西壮族自治区 | 12 919.10 | 19 977.80 | 16 675.60 | 15 401.00 |
| 江西省 | 13 897.70 | 18 787.70 | 17 245.50 | 16 184.90 |
| 海南省 | 21 447.30 | 24 149.60 | 27 003.00 | 17 765.00 |
| 福建省 | 15 181.00 | 16 000.20 | 16 836.20 | 19 477.20 |
| 广东省 | 16 023.30 | 21 183.90 | 20 841.70 | 20 473.60 |
| 台湾地区 | 10 513.20 | 7 716.91 | 23 537.80 | 29 944.80 |

从表 4-1 可以看出，我国各省降雨侵蚀力均值在 627～29 945 之间变化。按照 2005 年降雨侵蚀力排序，宁夏回族自治区降雨侵蚀力均值最小，新疆维吾尔自治区、内蒙古自治区、甘肃省、青海省降雨侵蚀力均较小，这些省份都位于我国北部和西北部地区，年降水量较小；台湾地区降雨侵蚀力最大，广东省、福建省、海南省、江西省降雨侵蚀力均较大，这些省份都位于我国南部和东南部地区，年降水量较大。

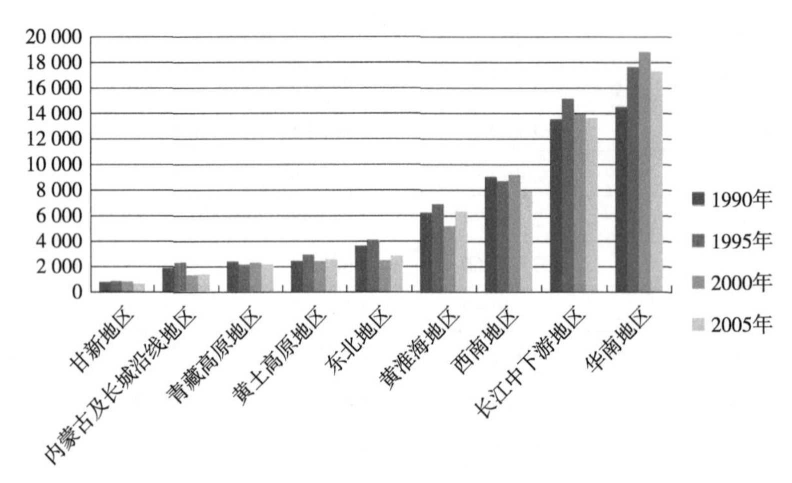


图 4-2　各地区平均降雨侵蚀力

从图 4-2 可以看出，甘新地区降雨侵蚀力均值最小，内蒙古及长城沿线地区、青藏高原地区降雨侵蚀力均较小，这些地区年降水量较小；华南地区降雨侵蚀力最大，长江中下游地区和西南地区降雨侵蚀力均较大，这些地区年降水量较大。

### 4.1.2　土壤可蚀性

土壤本身的理化性质差异对土壤侵蚀发生过程有着极为重要的影响。土壤可蚀性因子是指在长时间段内，土壤及土壤剖面抗蚀程度的平均反映。实际上土壤可蚀性因子是一个综合参数，它的大小综合反映了 USLE 中规定的标准条件下，土壤和土壤剖面对各种侵蚀的平均敏感度（刘宝元，2001）。目前，国际上应用广泛的 USLE/RUSLE、WEPP、EPIC 等模型都将土壤可蚀性因子作为侵蚀的一个主要影响因子。

本书主要利用 1 ∶ 100 万中国土壤数据库，采用诺谟图的方法确定土壤可蚀性 *K* 值大小，计算方法是用 Wischmeier 和 Smith 提出的代数关系式，计算结果乘以 0.131 7 转变为国际单位制，单位为（t · ha · h）/（ha · MJ · mm）。计算结果如图 4-3 所示。

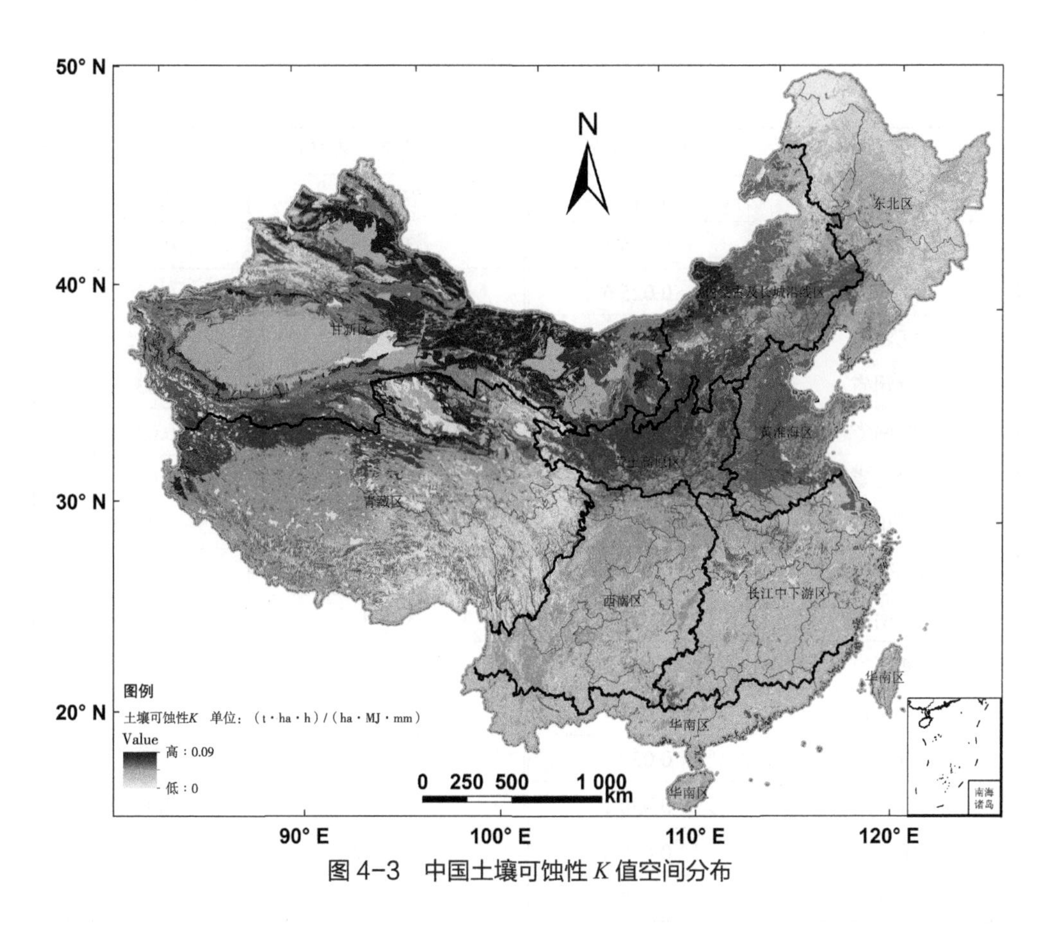


图 4-3　中国土壤可蚀性 *K* 值空间分布

总体上，中国土壤可蚀性 *K* 值平均为 0.035，土壤可蚀性 *K* 值在 0～0.09 之间变化。土壤可蚀性 *K* 值较高地区主要分布于北方和西北地区，包括新疆、内蒙古中西部、甘肃、宁夏、陕西和山西北部等地区；*K* 值较低地区主要分布于东北、南部和东南地区，包括黑龙江、吉林和东南沿海的广东、福建等地区。青藏高原北部地区土壤可蚀性 *K* 值较大，南部地区 *K* 值较小。

从表 4-2 可以看出，各省土壤可蚀性 *K* 值在 0.021 8～0.047 6。土壤可蚀性 *K* 值平均值最高的是宁夏回族自治区，较高的有山西、陕西、甘肃等省份。这些地区土壤有机质含量较低，土壤粒度较粗，土壤容易被侵蚀。土壤可蚀性 *K* 值平均值最低的是黑龙江省，较低的有吉林、广东、江西等省份。这些地区土壤有机质含量较高，土壤颗粒较细，土壤抗侵蚀能力较强。

从图 4-4 可以看出，土壤可蚀性 *K* 值平均值最高的分区首先是黄土高原区，其次为甘新地区和黄淮海地区，这些地区土壤较易被侵蚀；土壤可蚀性 *K* 值平均值最低的分区首先是东北地区，其次为华南地区和长江中下游地区，这些地区土壤不易被侵蚀。

表 4-2 省、自治区、直辖市土壤可蚀性 $K$ 平均值

单位：（t·ha·h）/（ha·MJ·mm）

| 省、自治区、直辖市 | 土壤可蚀性 | 省、自治区、直辖市 | 土壤可蚀性 |
|---|---|---|---|
| 黑龙江省 | 0.021 8 | 安徽省 | 0.031 1 |
| 吉林省 | 0.025 1 | 江苏省 | 0.032 2 |
| 广东省 | 0.025 6 | 西藏自治区 | 0.034 3 |
| 江西省 | 0.025 8 | 青海省 | 0.035 8 |
| 贵州省 | 0.026 5 | 辽宁省 | 0.037 0 |
| 湖南省 | 0.026 5 | 内蒙古自治区 | 0.039 8 |
| 福建省 | 0.026 5 | 河南省 | 0.039 9 |
| 四川省 | 0.027 1 | 新疆维吾尔自治区 | 0.040 8 |
| 广西壮族自治区 | 0.027 2 | 北京市 | 0.041 3 |
| 云南省 | 0.028 1 | 天津市 | 0.041 6 |
| 浙江省 | 0.028 2 | 河北省 | 0.042 1 |
| 上海市 | 0.028 5 | 山东省 | 0.042 1 |
| 重庆市 | 0.029 8 | 陕西省 | 0.043 3 |
| 台湾地区 | 0.030 2 | 甘肃省 | 0.046 8 |
| 湖北省 | 0.030 4 | 山西省 | 0.046 8 |
| 海南省 | 0.030 4 | 宁夏回族自治区 | 0.047 6 |

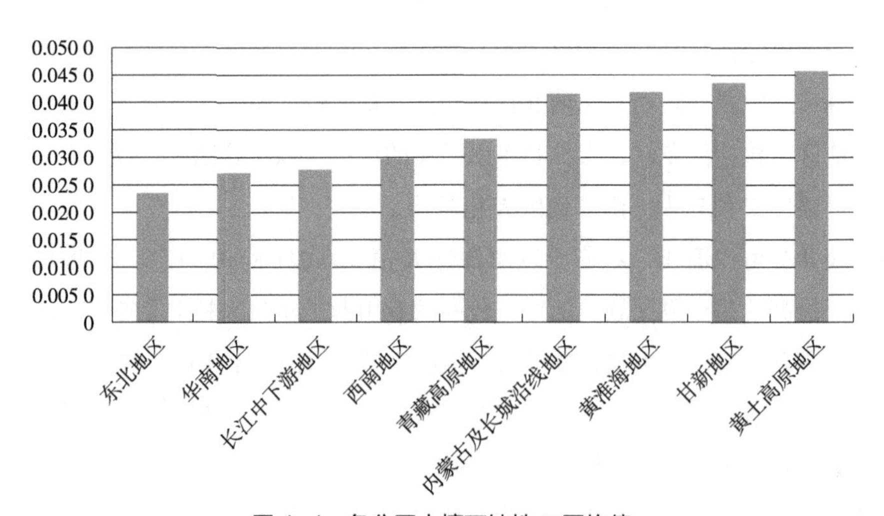


图 4-4 各分区土壤可蚀性 $K$ 平均值

## 4.2　风力侵蚀因子

土壤风蚀导致的土地退化对我国北方地区生态环境影响巨大。本书中风力侵蚀敏感性评价主要基于美国农业部开发并大力推广的 WEQ（Wind Erosion Equator）模型（Woodruff et al.，1965）及其改进的 RWEQ（Revised Wind Erosion Equator）模型（Cole et al.，1983）。其中，WEQ 模型是一个年际尺度模型，为了计算更短时间尺度上的风蚀量，经改进发展成为 RWEQ。这两个模型中包含的主要侵蚀因子有风场强度、土壤湿度、雪盖、土壤可蚀性、土壤风化面、作物残余、土壤粗糙度等。

本书主要针对 WEQ/RWEQ 模型中风场强度和土壤湿度进行了制备和计算，并统计分析了计算结果，描述了其空间分布。土壤粗糙度因子由地形起伏度因子代替，土壤可蚀性因子上文已经存在，雪盖和作物残余因子由植被覆盖因子代替。

### 4.2.1　风场强度

风力搬运地表土壤颗粒是最主要的风力土壤侵蚀形式，风力的大小直接影响风力侵蚀强度。风场强度能够反映大风引起土壤侵蚀的潜在能力，是土壤风蚀预报方程 RWEQ 中的一个重要因子。RWEQ 中认为风速大于 5 m/s 才能产生风蚀作用，而瞬时风速往往不具有代表性，因此一般可以利用气象站点观测的日最大风速计算风场强度。

本书主要利用中国地区 756 个气象站点及周边 284 个国际站点的日最大风速（10 min）资料，采用 RWEQ 手册（1998）中的方法计算 1980 年以来中国及周边地区站点年风场强度值，并利用 GIS 手段，通过 Kriging 方法插值生成 1990 年、1995 年、2000 年、2005 年风场强度 1 km 栅格数据。为了防止年际之间风速变化差异过大、增加每一期风场强度的代表性，各期风场强度数据均由前、后两年和当年数据求均值生成。

从空间上来看，风场强度较大地区主要分布在我国北部、西北部和青藏高原，风场强度较小地区主要分布在我国南部和东南部，风场强度从我国东南向西北逐渐增大，青藏高原中、北部地区是大风中心。浙江省、广东省和海南岛地区风场强度较大，这是由于海陆温差较大，形成海陆风，导致风场强度较大。整体上，2005 年中国陆地表层风场强度较其他几期小。

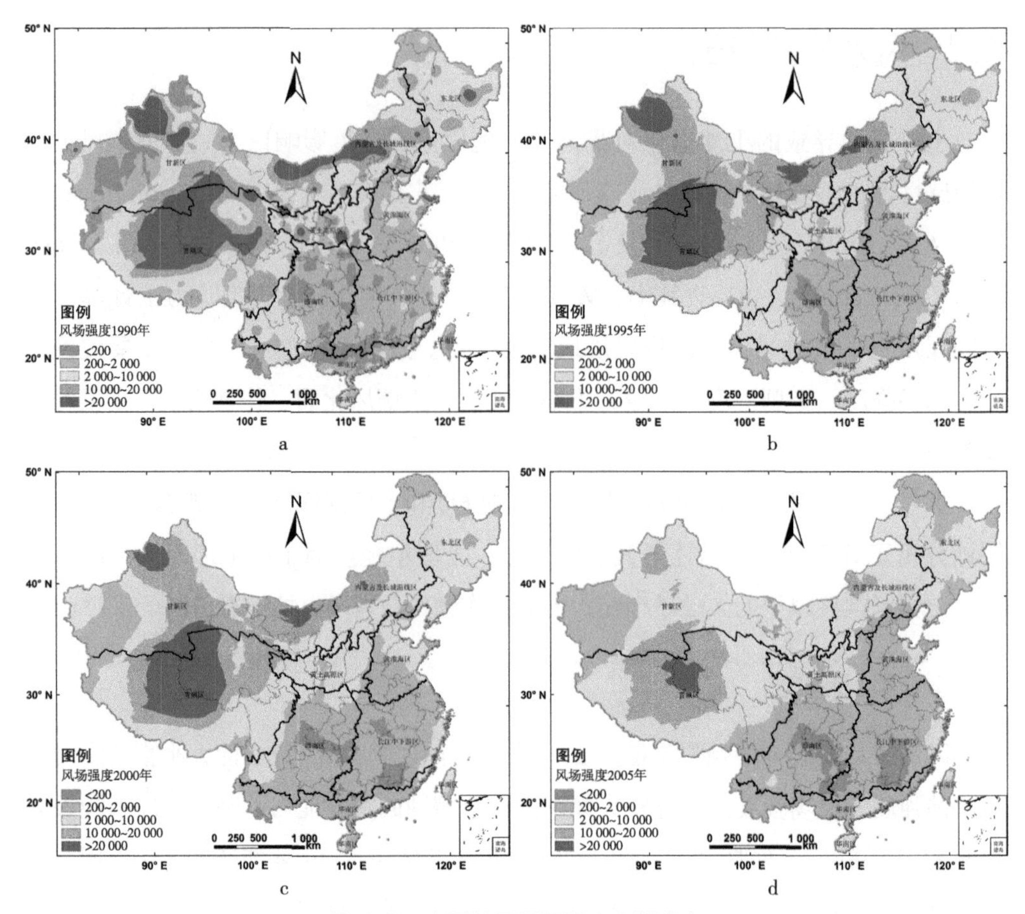


图 4-5　中国地区风场强度空间分布

从表 4-3 可以看出，我国各省风场强度均值在 226～28 965 之间变化。按照 2005 年风场强度排序，江西省风场强度均值最小，重庆、湖南、贵州和湖北等省份风场强度均较小，这些省份都位于我国中部和东南部地区，多丘陵山地，不易形成大风天气；青海省风场强度均值最大，西藏、新疆、内蒙古和甘肃省风场强度均值均较大，这些省份都位于我国北部、西北部和青藏高原区地区，大部分地区地势平坦，易形成大风天气。

表 4-3　省、自治区、直辖市风场强度平均值

| 省、自治区、直辖市 | 1990 年 | 1995 年 | 2000 年 | 2005 年 |
| --- | --- | --- | --- | --- |
| 江西省 | 863.76 | 518.67 | 271.40 | 226.78 |
| 重庆市 | 586.69 | 366.80 | 492.41 | 266.59 |
| 湖南省 | 681.44 | 466.11 | 260.61 | 279.10 |
| 贵州省 | 1 059.51 | 658.20 | 467.74 | 334.37 |
| 湖北省 | 424.59 | 551.57 | 577.31 | 517.66 |

续表

| 省、自治区、直辖市 | 1990 年 | 1995 年 | 2000 年 | 2005 年 |
| --- | --- | --- | --- | --- |
| 安徽省 | 937.72 | 905.52 | 819.60 | 591.74 |
| 广西壮族自治区 | 486.06 | 849.75 | 515.91 | 675.39 |
| 福建省 | 3 089.14 | 1 881.54 | 1 519.61 | 846.90 |
| 江苏省 | 1 583.96 | 1 492.11 | 1 381.44 | 985.57 |
| 云南省 | 3 512.99 | 2 616.86 | 1 324.90 | 1 160.76 |
| 天津市 | 7 360.81 | 3 516.58 | 3 045.26 | 1 233.86 |
| 河南省 | 1 672.65 | 1 578.52 | 1 282.37 | 1 265.95 |
| 北京市 | 1 266.38 | 2 776.44 | 2 487.82 | 1 350.90 |
| 四川省 | 5 713.21 | 3 620.35 | 2 749.86 | 1 441.73 |
| 广东省 | 1 312.75 | 1 870.06 | 1 499.62 | 1 579.66 |
| 河北省 | 3 170.77 | 3 411.91 | 3 099.19 | 1 697.95 |
| 台湾地区 | 718.85 | 2 172.58 | 2 169.41 | 1 898.71 |
| 上海市 | 3 477.95 | 2 688.45 | 1 770.09 | 1 960.93 |
| 海南省 | 5 450.24 | 2 749.35 | 1 854.91 | 2 259.27 |
| 山西省 | 4 677.61 | 3 427.65 | 4 131.21 | 2 280.27 |
| 浙江省 | 3 418.47 | 3 246.94 | 2 112.20 | 2 767.93 |
| 黑龙江省 | 6 153.62 | 5 155.68 | 4 597.68 | 2 778.12 |
| 辽宁省 | 5 739.06 | 5 895.59 | 4 742.39 | 2 808.22 |
| 吉林省 | 6 674.47 | 5 478.99 | 5 408.68 | 3 039.48 |
| 陕西省 | 5 001.73 | 3 841.55 | 4 233.27 | 3 112.24 |
| 山东省 | 6 319.20 | 4 771.22 | 3 802.47 | 3 178.74 |
| 宁夏回族自治区 | 6 018.16 | 5 699.14 | 5 303.18 | 3 200.46 |
| 甘肃省 | 8 279.18 | 8 588.58 | 8 960.36 | 5 424.99 |
| 内蒙古自治区 | 11 608.40 | 10 646.80 | 9 858.38 | 5 937.87 |
| 新疆维吾尔自治区 | 12 596.00 | 10 563.20 | 9 864.54 | 6 270.49 |
| 西藏自治区 | 15 709.80 | 11 991.00 | 14 127.30 | 9 579.04 |
| 青海省 | 28 964.40 | 23 523.10 | 21 961.60 | 11 040.20 |

从图 4-6 可以看出，长江中下游地区风场强度均值最小，西南地区、华南地区风场强度均值均较小，不易形成大的风蚀量；青藏高原地区风场强度均值最大，甘新地区、内蒙古及长城沿线地区风场强度均值均较大，较易形成风蚀。

### 4.2.2　土壤表层湿度

从图 4-7 可以看出，土壤湿度较高地区主要分布在我国南部、东南部，少数年份青藏高原南部和东北地区土壤湿度也较高；土壤湿度较小地区主要分布在我国北部和西北部，以及青藏高原中部和北部地区。土壤湿度空间分布从我国东南部向西北部逐渐减小，西北地区塔克拉玛干大沙漠及其附近地区是土壤干燥中心。

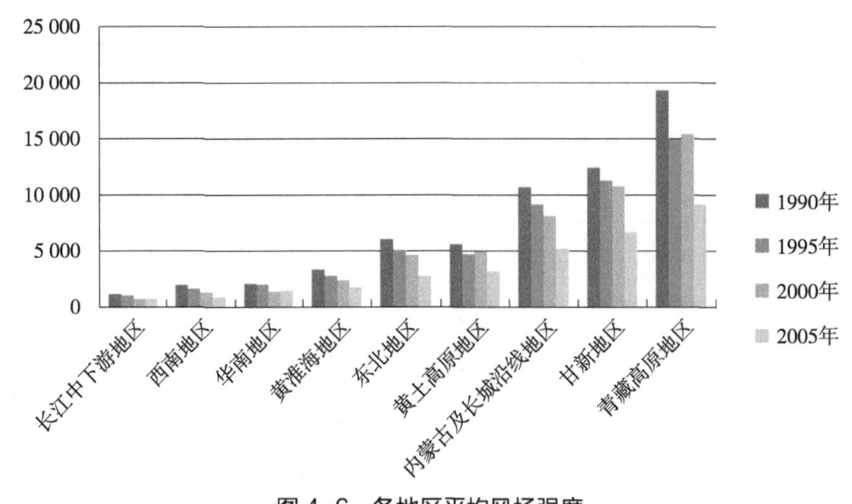


图 4-6　各地区平均风场强度

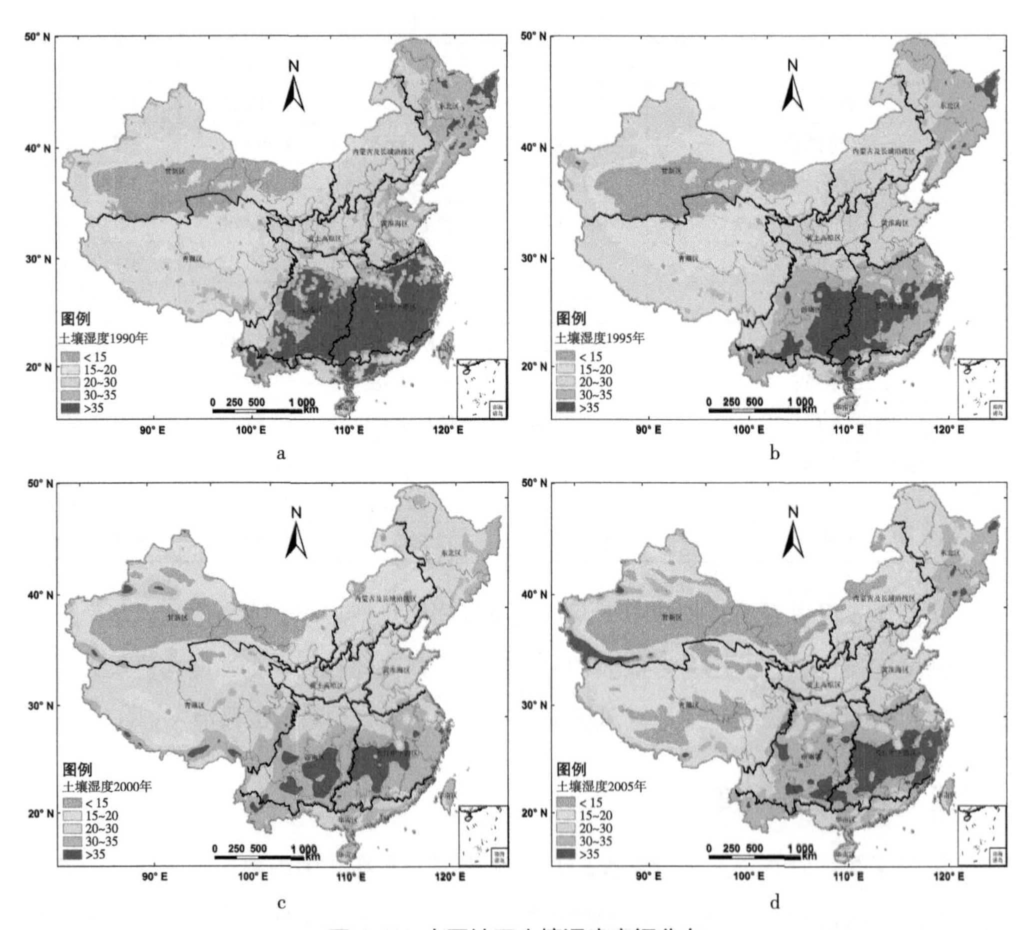


图 4-7　中国地区土壤湿度空间分布

从表4-4可以看出，我国各省土壤湿度均值在17.50～36.88。按照1990年土壤湿度排序，青海省土壤湿度均值最小，新疆、内蒙古和甘肃等省份土壤湿度均值较小。这些省份都位于我国北部和西北部地区，年降水量较小，而蒸散量较大，所以土壤湿度较低。湖南省土壤湿度均值最大，江西、浙江和福建等省份土壤湿度均值均较大，这些省份都位于我国南部和东南部地区，年降水量较大，土壤湿度较高。

**表4-4　省、自治区、直辖市土壤湿度平均值**

| 省、自治区、直辖市 | 1990年 | 1995年 | 2000年 | 2005年 |
|---|---|---|---|---|
| 青海省 | 18.07 | 17.70 | 22.64 | 17.83 |
| 新疆维吾尔自治区 | 18.42 | 18.71 | 18.25 | 19.04 |
| 甘肃省 | 20.05 | 19.13 | 19.57 | 19.45 |
| 内蒙古自治区 | 22.34 | 21.94 | 18.11 | 17.90 |
| 北京市 | 23.00 | 21.23 | 17.50 | 17.53 |
| 宁夏回族自治区 | 23.02 | 20.76 | 18.46 | 19.70 |
| 西藏自治区 | 23.36 | 22.53 | 24.88 | 19.03 |
| 陕西省 | 26.28 | 22.55 | 22.88 | 23.26 |
| 河北省 | 26.50 | 24.26 | 19.81 | 22.23 |
| 海南省 | 27.50 | 25.95 | 25.30 | 24.63 |
| 山西省 | 27.63 | 24.18 | 22.63 | 23.88 |
| 台湾地区 | 28.30 | 26.82 | 29.68 | 29.60 |
| 辽宁省 | 28.81 | 27.63 | 22.79 | 26.60 |
| 山东省 | 29.04 | 26.35 | 22.58 | 27.17 |
| 河南省 | 29.52 | 26.24 | 24.81 | 26.56 |
| 上海市 | 29.77 | 27.39 | 26.73 | 27.91 |
| 四川省 | 30.01 | 28.88 | 30.49 | 27.31 |
| 江苏省 | 30.46 | 28.24 | 27.54 | 29.16 |
| 天津市 | 31.36 | 27.86 | 19.27 | 24.37 |
| 吉林省 | 32.51 | 31.56 | 26.63 | 31.61 |
| 黑龙江省 | 32.51 | 32.15 | 27.71 | 29.36 |
| 广东省 | 32.64 | 32.00 | 29.33 | 29.20 |
| 云南省 | 32.98 | 31.61 | 32.46 | 30.63 |
| 湖北省 | 33.01 | 31.90 | 29.77 | 31.02 |
| 广西壮族自治区 | 33.66 | 33.07 | 30.80 | 31.50 |

续表

| 省、自治区、直辖市 | 1990 年 | 1995 年 | 2000 年 | 2005 年 |
|---|---|---|---|---|
| 安徽省 | 34.07 | 31.94 | 30.41 | 32.15 |
| 重庆市 | 35.01 | 34.68 | 32.23 | 32.04 |
| 贵州省 | 35.45 | 35.11 | 35.20 | 34.43 |
| 福建省 | 35.83 | 33.96 | 33.25 | 34.61 |
| 浙江省 | 36.13 | 34.20 | 33.02 | 34.87 |
| 江西省 | 36.58 | 35.32 | 34.22 | 35.31 |
| 湖南省 | 36.88 | 36.48 | 35.35 | 35.36 |

从图 4-8 可以看出，长江中下游地区土壤湿度均值最大，西南地区、华南地区土壤湿度均值均较大，不易形成大的风蚀量；甘新地区土壤湿度均值最小，青藏高原地区、内蒙古及长城沿线地区土壤湿度均值均较小，较易形成大的风蚀量。

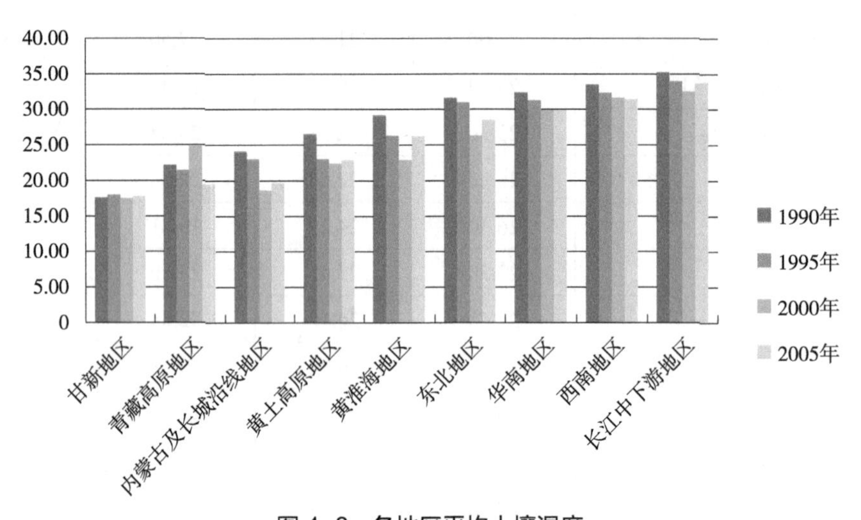


图 4-8 各地区平均土壤湿度

## 4.3 冻融侵蚀因子

冻融侵蚀作为一种侵蚀类型，在我国普遍存在。只要有低于 0℃气温的天气出现，一般就有冻融作用，因此冻融侵蚀是土体、岩石等在冻融作用下被机械破坏或冲刷，不可恢复而被破碎流失的现象（景国臣，2003）。相对于风力侵蚀和水力侵蚀，冻融侵蚀相关的研究较少，国内主要对青藏高原和东北地区冻融侵蚀研究较多。冻融侵蚀的影响因子很多，主要有年降水量、坡度、坡向、植被类型、土壤类型、地形起伏度、植被盖度等。冻融侵蚀敏感性评价因子的选择主要基于钟祥浩（2003）、张建国等（2005、2006）、李辉霞（2005）的成果。

本书选取年降水量、大于0℃天数、地形起伏度、植被覆盖、土壤质地5个因子对冻融侵蚀敏感性进行评价。首先对年降水量、大于0℃天数2个因子1990年、1995年、2000年和2005年四期制备的结果进行统计分析，描述其空间变异。其余三个因子属于和风力侵蚀、水力侵蚀敏感性评价的公共因子，将在后面的部分进行详细介绍。

### 4.3.1 年降水量

冻融侵蚀首先是由于在低于0℃气温天气出现时，水在固态和液态之间转换发生体积的变化，导致地表岩石和土壤被机械破坏。因此，年降水量的大小直接影响着冻融侵蚀的强度，是冻融侵蚀敏感性评价的一个重要因子，可由气象站点观测数据得到。

本书主要利用中国地区756个气象站点及周边284个国际站点的日降水量数据，累加形成年降水量，并采用GIS手段，通过ANUSPLINE方法插值生成1990年、1995年、2000年、2005年四期年降水量1 km栅格数据。为了防止年际之间降水量变化差异过大、增加每一期年降水量的代表性，各期年降水量数据均由前、后两年和当年数据求均值生成。

从图4-9可以看出，年降水量较高的地区主要分布在我国南部、东南部；年降水量较低的地区主要分布在我国北部和西北部，以及青藏高原中部和北部地区。在空间分布上，年降水量从我国东南部向西北部逐渐减小。西北地区塔克拉玛干大沙漠及其附近地区年降水量最小，这是由于我国受东南季风和西南季风的影响，东南部和南部地区气候湿润，西北地区受西风大陆性气候影响，气候干燥。青藏高原南部和东南部地区降水量受西南季风影响相对较大。

从表4-5可以看出，我国各省年降水量均值在150～2 540 mm。按照1990年年降水量排序，新疆维吾尔自治区年降水量均值最低，甘肃、内蒙古、宁夏和青海等省份年降水量均值均较低，这些省份都位于我国北部和西北部地区，属于大陆性气候。海南省年降水量均值最高，湖南、贵州、湖北和广西壮族自治区等省份年降水量均值均较高，这些省份都位于我国南部和东南部地区，属于季风性气候。

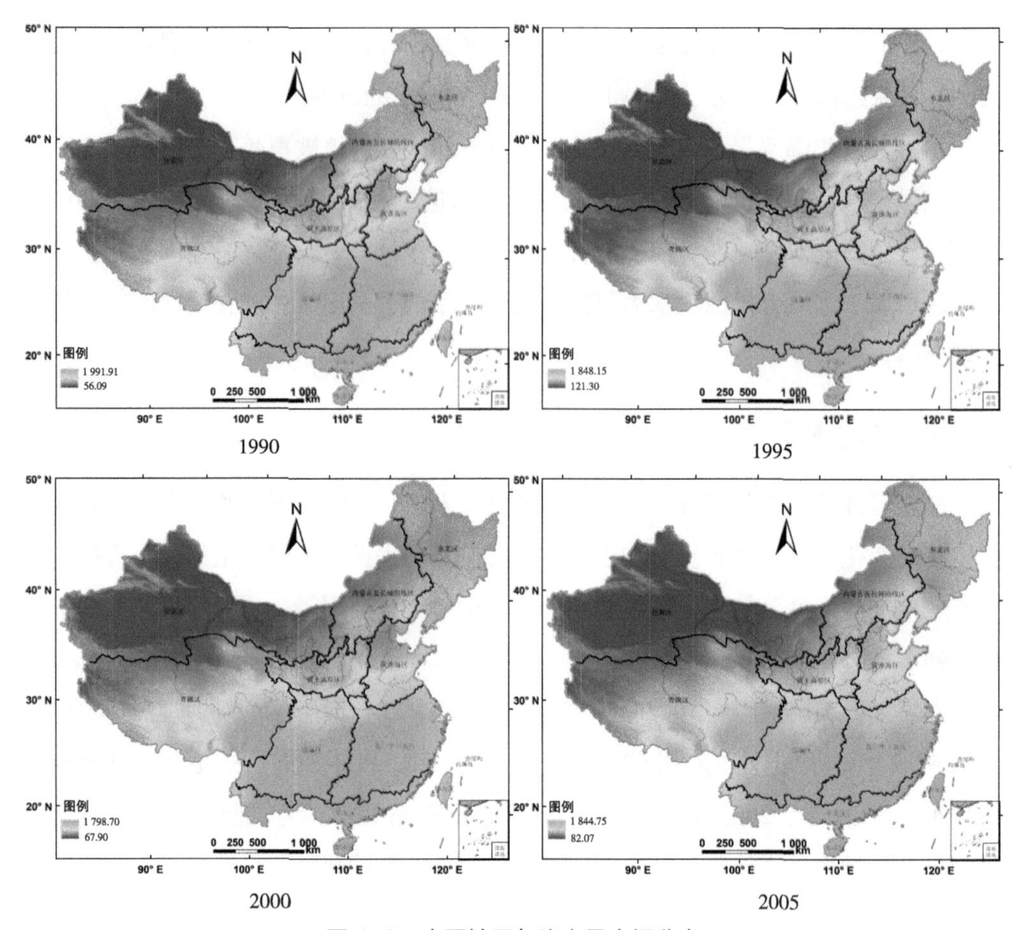


图 4-9　中国地区年降水量空间分布

表 4-5　省、自治区、直辖市年降水量平均值

| 省、自治区、直辖市 | 1990 年 | 1995 年 | 2000 年 | 2005 年 |
|---|---|---|---|---|
| 新疆维吾尔自治区 | 173 | 160 | 153 | 150 |
| 甘肃省 | 524 | 501 | 461 | 454 |
| 内蒙古自治区 | 554 | 538 | 419 | 461 |
| 宁夏回族自治区 | 603 | 618 | 521 | 527 |
| 青海省 | 652 | 590 | 576 | 573 |
| 黑龙江省 | 672 | 638 | 542 | 644 |
| 天津市 | 695 | 865 | 517 | 742 |
| 吉林省 | 696 | 635 | 637 | 612 |
| 北京市 | 715 | 860 | 555 | 692 |
| 河北省 | 765 | 871 | 597 | 728 |
| 西藏自治区 | 781 | 699 | 745 | 679 |
| 辽宁省 | 817 | 894 | 693 | 866 |
| 山西省 | 870 | 910 | 688 | 801 |
| 陕西省 | 926 | 908 | 803 | 848 |
| 山东省 | 1 022 | 807 | 772 | 896 |

续表

| 省、自治区、直辖市 | 1990 年 | 1995 年 | 2000 年 | 2005 年 |
|---|---|---|---|---|
| 河南省 | 1 214 | 954 | 973 | 1 049 |
| 上海市 | 1 254 | 904 | 1 283 | 1 274 |
| 江苏省 | 1 277 | 834 | 1 223 | 1 089 |
| 浙江省 | 1 435 | 1 152 | 1 431 | 1 565 |
| 安徽省 | 1 471 | 1 052 | 1 419 | 1 171 |
| 福建省 | 1 504 | 1 274 | 1 484 | 1 944 |
| 台湾地区 | 1 515 | 1 200 | 1 327 | 2 022 |
| 四川省 | 1 549 | 1 419 | 1 408 | 1 339 |
| 云南省 | 1 561 | 1 708 | 1 647 | 1 470 |
| 重庆市 | 1 691 | 1 616 | 1 449 | 1 381 |
| 广东省 | 1 704 | 1 557 | 1 692 | 1 907 |
| 江西省 | 1 739 | 1 573 | 1 763 | 1 847 |
| 广西壮族自治区 | 1 754 | 2 065 | 2 048 | 1 995 |
| 湖北省 | 1 787 | 1 518 | 1 468 | 1 325 |
| 贵州省 | 1 812 | 1 973 | 1 849 | 1 788 |
| 湖南省 | 1 833 | 1 977 | 1 986 | 1 863 |
| 海南省 | 2 252 | 2 509 | 2 540 | 2 298 |

从图 4-10 可以看出，华南地区年降水量均值最大，长江中下游地区、西南地区年降水量均值均较大；甘新地区年降水量均值最小，内蒙古及长城沿线地区、东北地区年降水量均值均较小。青藏高原地区年降水量在各区中处于中等水平。

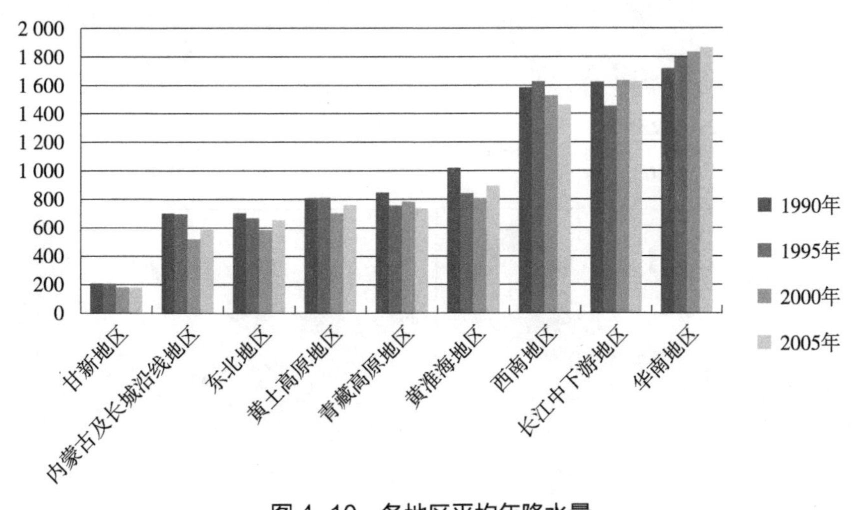


图 4-10 各地区平均年降水量

## 4.3.2 大于 0℃天数

只要低于 0℃气温天气出现就有冻融作用存在，冻融作用大小与地球表层受冻结时间、冻结温度以及冻结深度和冬季降雪多少有关（景国臣，2003）。所以存在冻融作用不一定就会发生冻融侵蚀，需要冻融作用累积达到一定程度才会发生。陆地表层受冻结的时间越长、冻结温度越低，则冻结程度越重，土壤和岩石所受的机械破坏程度越重，冻融侵蚀越严重。因此气温大于0℃天数与冻融侵蚀呈负相关关系。

本书主要利用中国地区756个气象站点及周边284个国际交换站点的日平均气温数据，判断日气温是否大于0℃，每年累加天数并采用GIS手段，通过ANUSPLINE方法插值生成1990年、1995年、2000年、2005年四期大于0℃天数1 km栅格数据。

从图4-11可以看出，大于0℃天数较多地区主要分布在我国南部、东南部；大于0℃天数较少地区主要分布在我国东北部和西北部，以及青藏高原中部和北部地区，在秦岭—淮河附近有明显界线。在空间分布上大于0℃天数从我国东南部向西北部逐渐减少，青藏高原地区大于0℃天数最少，其次是东北北部地区，因此冻融侵蚀主要也发生在这两个地区。前者主要受海拔高度的影响，后者主要受纬度的影响。

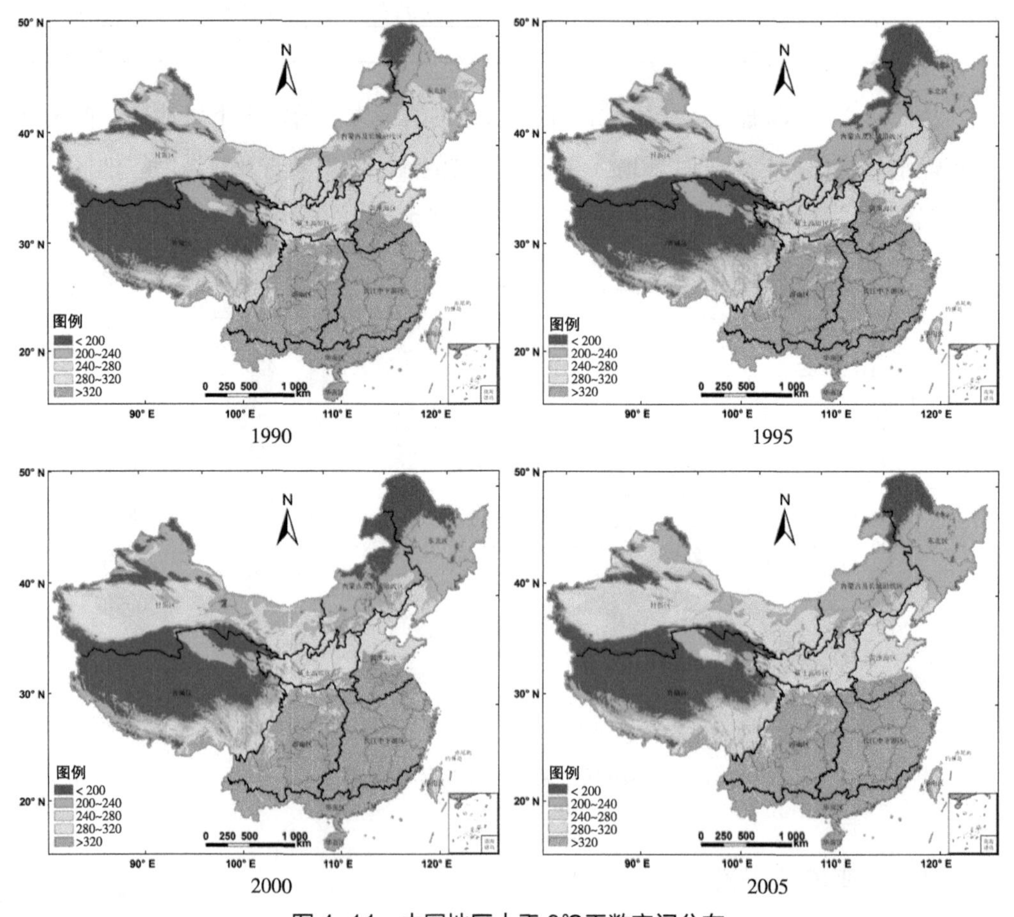


图4-11　中国地区大于0℃天数空间分布

从图 4-12 可以看出，长江中下游地区大于 0℃天数的均值最大，华南地区、西南地区大于 0℃天数均值均较多；青藏高原地区大于 0℃天数的均值最小，该地区冻融侵蚀敏感性最强，内蒙古及长城沿线地区、东北地区大于 0℃天数的均值均较小。

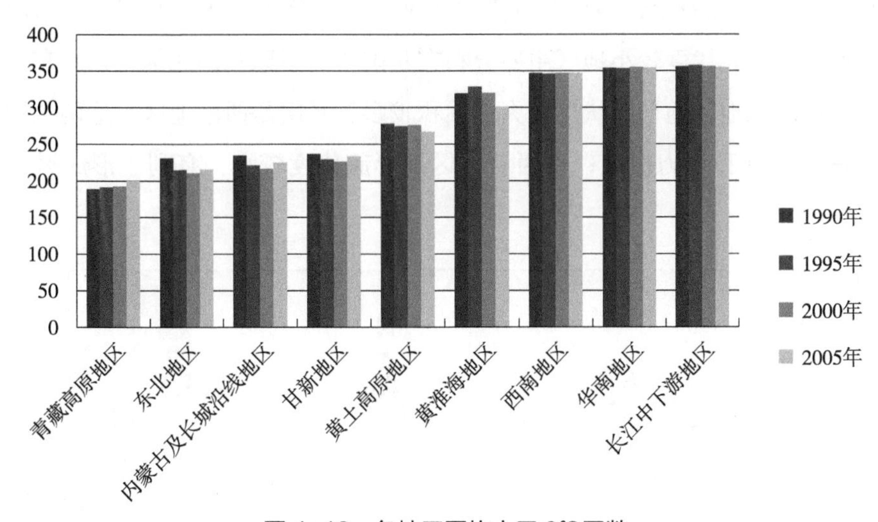


图 4-12　各地区平均大于 0℃天数

## 4.4　土壤侵蚀公共影响因子

地形起伏度、植被覆盖情况和土壤质地是土壤风蚀、水蚀和冻融侵蚀敏感性的公共影响因子。本书认定地形起伏度和土壤质地随时间基本不发生改变，植被覆盖情况受人类活动影响较多，共有 1990 年、1995 年、2000 年和 2005 四期结果。本书首先对这三个土壤侵蚀敏感性公共影响因子的结果进行统计分析，描述其空间变异。

### 4.4.1　地形起伏度

地形起伏度是导致土壤侵蚀发生的最直接因素（刘新华等，2001）。在比例尺较大时（坡面尺度），坡度和坡长是土壤侵蚀的主要指标，USLE/RUSLE 中就利用了坡度和坡长因子。但在区域性和全国性的土壤侵蚀研究中，坡度只有数字意义而没有土壤侵蚀和地貌学方面的意义。因此，本书选择地形起伏度作为评价土壤侵蚀敏感性的评价指标。

本书利用 SRTM 的中国 90 m 分辨率数字高程数据产品，采用刘新华等（2001）的方法计算中国陆地表层地形起伏度。分析窗口为 5 km × 5 km，该窗口是中国水土流失地形起伏度提取的最佳统计窗口。然后对计算结果进行重采样成 1 km 分辨率参加土壤侵蚀敏感性评价。

从图 4-13 可以看出，地形起伏度较大地区主要分布在我国西南部、东南部和青藏高原；地形起伏度较小地区主要分布在我国华北平原和西北部，以及东北平原地区。青藏高原地区地形起伏度较大的面积较多，其次是西南地区，这两个地区较易形成冻融侵蚀和水力侵蚀；而西北地区地形起伏度较小，有利于形成风力侵蚀作用。

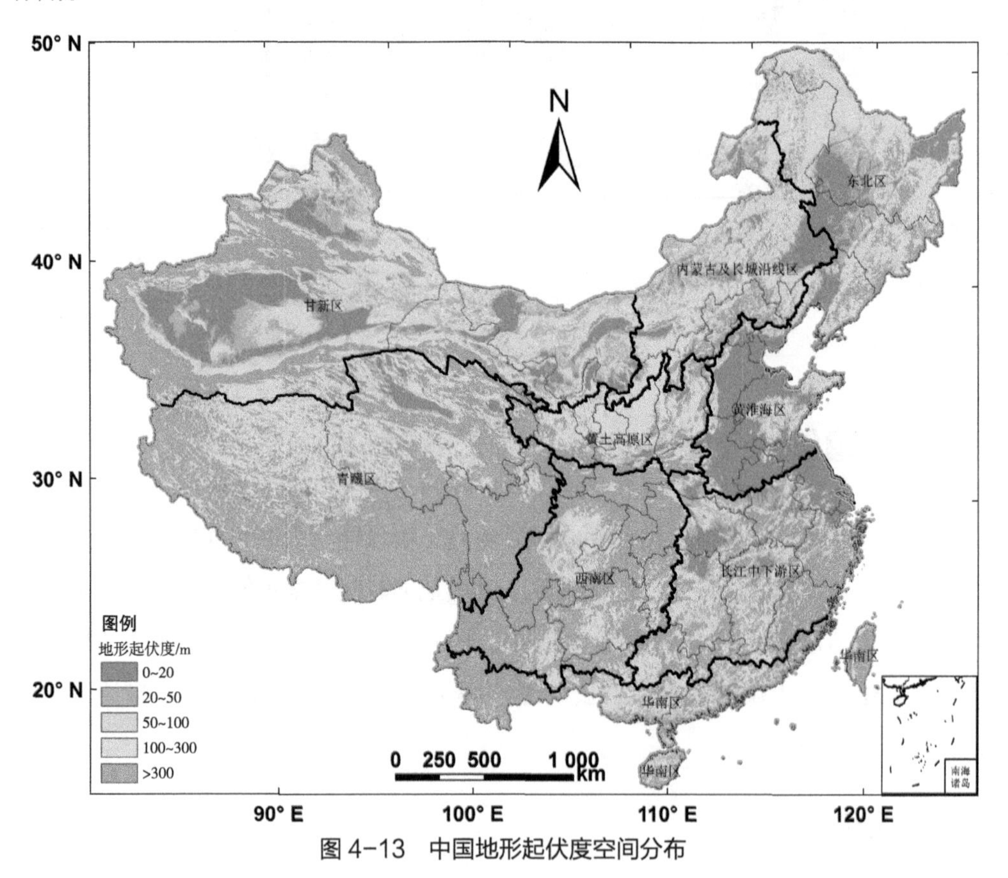


图 4-13　中国地形起伏度空间分布

从表 4-7 可以看出，我国各省地形起伏度均值在 5～709 m。按照 1990 年地形起伏度排序，上海市地形起伏度均值最小，江苏、天津、山东和内蒙古等省市地形起伏度均值均较小，其中内蒙古有利于风力侵蚀的形成。四川省地形起伏度均值最大，台湾地区、云南、西藏和重庆等省份地形起伏度均值较大，有利于水力侵蚀和冻融侵蚀的形成。

表 4-6　省、自治区、直辖市地形起伏度平均值

| 省、自治区、直辖市 | 地形起伏度 | 省、自治区、直辖市 | 地形起伏度 |
|---|---|---|---|
| 上海市 | 5 | 新疆维吾尔自治区 | 293 |
| 江苏省 | 18 | 湖南省 | 302 |
| 天津市 | 24 | 北京市 | 313 |
| 山东省 | 75 | 甘肃省 | 315 |
| 内蒙古自治区 | 113 | 广西壮族自治区 | 321 |
| 黑龙江省 | 125 | 湖北省 | 323 |
| 河南省 | 137 | 青海省 | 335 |
| 安徽省 | 141 | 陕西省 | 371 |
| 吉林省 | 159 | 浙江省 | 389 |
| 辽宁省 | 173 | 贵州省 | 416 |
| 宁夏回族自治区 | 176 | 福建省 | 466 |
| 河北省 | 202 | 重庆市 | 534 |
| 海南省 | 233 | 西藏自治区 | 576 |
| 江西省 | 269 | 云南省 | 681 |
| 山西省 | 289 | 台湾地区 | 690 |
| 广东省 | 290 | 四川省 | 709 |

从图 4-14 可以看出，西南地区地形起伏度均值最大，青藏高原地区、华南地区地形起伏度均值较大，有利于水力侵蚀和冻融侵蚀的形成和发生；黄淮海地区地形起伏度均值最小，内蒙古及长城沿线地区、东北地区地形起伏度均值较小。

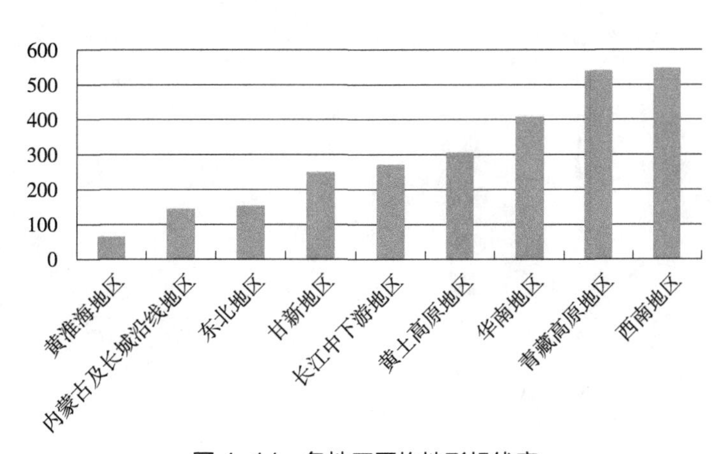


图 4-14　各地区平均地形起伏度

## 4.4.2 植被覆盖状况

植被覆盖状况是土壤侵蚀敏感性评价的一个重要因子。我国地域广大，地形复杂，地表覆盖类型较多。本书利用20世纪80年代末、1995年、2000年、2005年四期中国土地利用 / 覆盖1 km分辨率类型百分比数据来定量植被覆盖状况对土壤侵蚀敏感性的影响和分级。该数据是依据刘纪远等提出的中国土地利用 / 土地覆被遥感分类系统，结合野外调查人机交互的解译方法生成，包含耕地、林地、草地、水域、城乡及工矿和居民用地、未利用土地6个方面25个类型的土地利用 / 覆盖（刘纪远，2002、2005、2009）。其中，草地覆盖度采用了NDVI数据计算，使得结果更加精确。

从图4-15可以看出，我国草地分布面积较大，高覆盖草地主要分布在青藏高原东部、内蒙古东部和北部，以及天山地区附近。这些地区年降水量相对较高，气候湿润，草地生长茂盛。南方草地零星分布地区草地覆盖度也比较高。低覆盖草地主要分布在青藏高原西部、内蒙古中西部地区。这些地区年降水量相对较低，气候比较干旱，草地生长受水分胁迫。中覆盖草地主要分布在高覆盖草地和低覆盖草地的过渡地区。

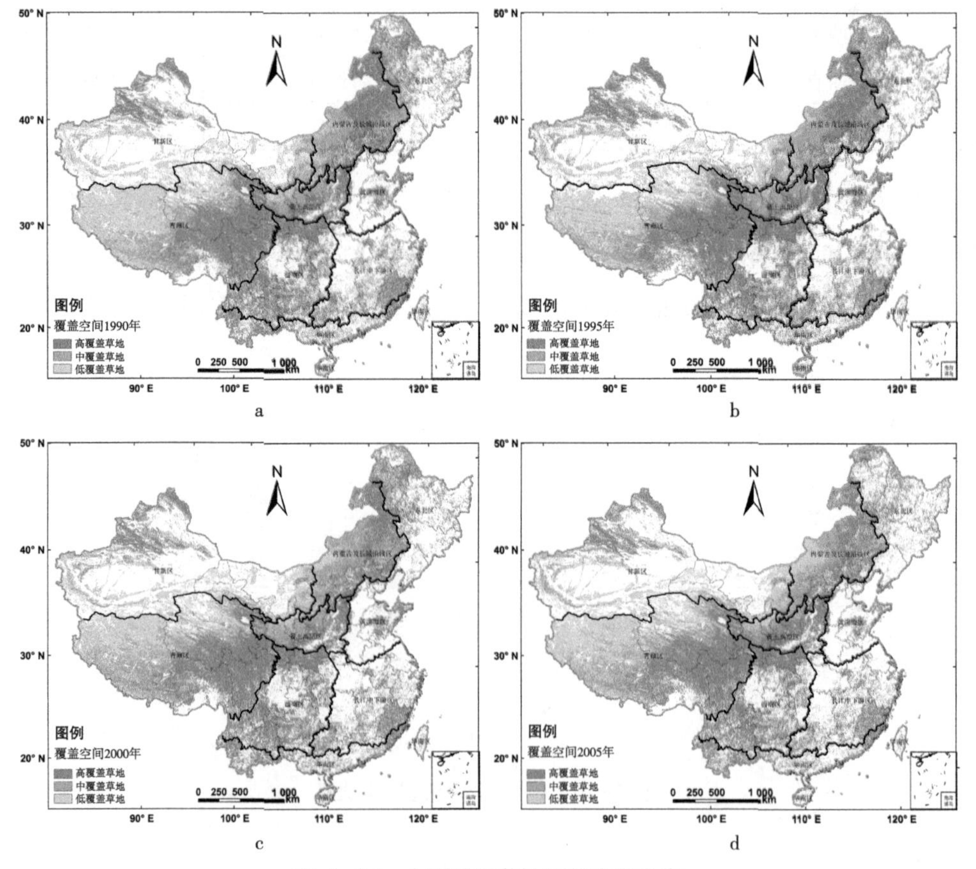


图4-15 中国地区草地覆盖空间分布

从图 4-16 可以看出，植被覆盖敏感性指数较低地区主要分布在我国东部、东南部；植被覆盖敏感性指数较高地区主要分布在我国北部和西北部，以及青藏高原北部地区。在空间分布上，植被覆盖敏感性指数从我国东南部向西北部逐渐增加，这与我国的年降水量格局基本一致。植被生长状况在大部分地区受水分因子胁迫较强。

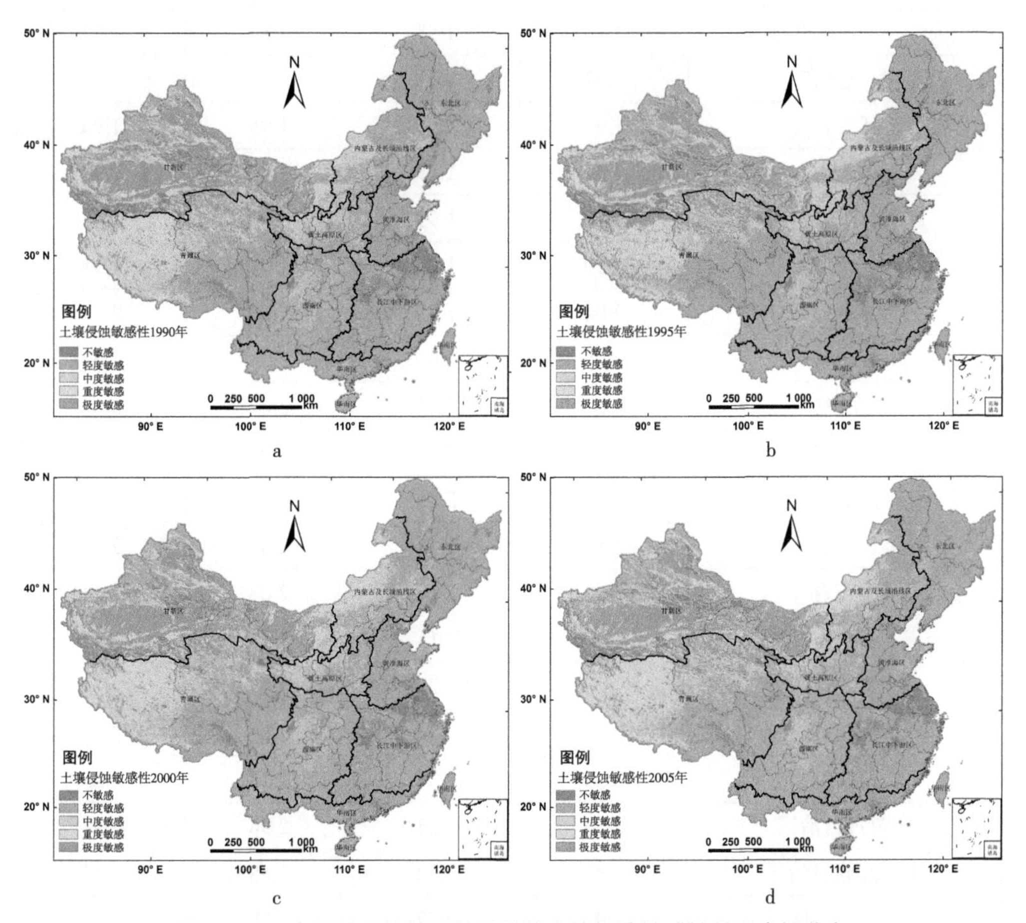


图 4-16　中国地区植被覆盖导致的土壤侵蚀敏感性差异空间分布

表 4-7　省、自治区、直辖市植被覆盖敏感性平均值

| 省、自治区、直辖市 | 1990 年 | 1995 年 | 2000 年 | 2005 年 |
|---|---|---|---|---|
| 上海市 | 1.07 | 1.07 | 1.06 | 1.06 |
| 江苏省 | 1.37 | 1.36 | 1.36 | 1.36 |
| 安徽省 | 1.63 | 1.63 | 1.63 | 1.63 |
| 天津市 | 1.69 | 1.72 | 1.68 | 1.71 |
| 浙江省 | 1.76 | 1.76 | 1.76 | 1.75 |

续表

| 省、自治区、直辖市 | 1990 年 | 1995 年 | 2000 年 | 2005 年 |
|---|---|---|---|---|
| 台湾地区 | 1.76 | 1.76 | 1.76 | 1.76 |
| 湖北省 | 1.84 | 1.83 | 1.83 | 1.83 |
| 江西省 | 1.87 | 1.87 | 1.87 | 1.86 |
| 广东省 | 1.88 | 1.84 | 1.87 | 1.85 |
| 湖南省 | 1.89 | 1.88 | 1.88 | 1.87 |
| 黑龙江省 | 1.92 | 1.92 | 1.92 | 1.93 |
| 辽宁省 | 1.94 | 1.96 | 1.95 | 1.95 |
| 福建省 | 1.95 | 1.95 | 1.95 | 1.94 |
| 广西壮族自治区 | 1.97 | 1.95 | 1.97 | 1.97 |
| 北京市 | 2.00 | 1.91 | 1.94 | 1.91 |
| 河南省 | 2.04 | 1.98 | 2.04 | 2.03 |
| 海南省 | 2.05 | 2.03 | 2.03 | 2.03 |
| 吉林省 | 2.07 | 2.04 | 2.07 | 2.07 |
| 四川省 | 2.09 | 2.07 | 2.09 | 2.09 |
| 河北省 | 2.10 | 2.06 | 2.09 | 2.08 |
| 云南省 | 2.10 | 2.08 | 2.09 | 2.09 |
| 山东省 | 2.10 | 2.10 | 2.08 | 2.07 |
| 贵州省 | 2.16 | 2.15 | 2.16 | 2.15 |
| 重庆市 | 2.24 | 2.25 | 2.25 | 2.24 |
| 山西省 | 2.26 | 2.26 | 2.24 | 2.22 |
| 陕西省 | 2.35 | 2.34 | 2.33 | 2.29 |
| 内蒙古自治区 | 2.86 | 2.85 | 2.96 | 2.96 |
| 宁夏回族自治区 | 2.87 | 2.72 | 2.88 | 2.85 |
| 西藏自治区 | 2.91 | 2.77 | 2.78 | 2.83 |
| 青海省 | 2.98 | 2.90 | 2.99 | 2.94 |
| 甘肃省 | 3.08 | 3.01 | 3.07 | 2.99 |
| 新疆维吾尔自治区 | 3.52 | 3.46 | 3.48 | 3.47 |

从表 4-8 可以看出，我国各省、自治区、直辖市植被覆盖敏感性指数均值在 1.06～3.52。按照 1990 年植被覆盖敏感性指数排序，新疆维吾尔自治区植被覆盖敏感性指数均值最大，甘肃、青海、西藏、宁夏等省份植被覆盖敏感性指数均值均较大，这些省份都位于我国西部地区。上海市植被覆盖敏感性指数均值最小，江苏、

安徽、天津和浙江等省份植被覆盖敏感性指数均值较小，均值均较大，这些省份都位于我国东部地区。

从图 4-17 可以看出，长江中下游地区植被覆盖敏感性指数均值最小，华南地区、东北地区植被覆盖敏感性指数均值均较小；甘新地区植被覆盖敏感性指数均值最大，青藏高原地区、内蒙古及长城沿线地区植被覆盖敏感性指数均值均较大。

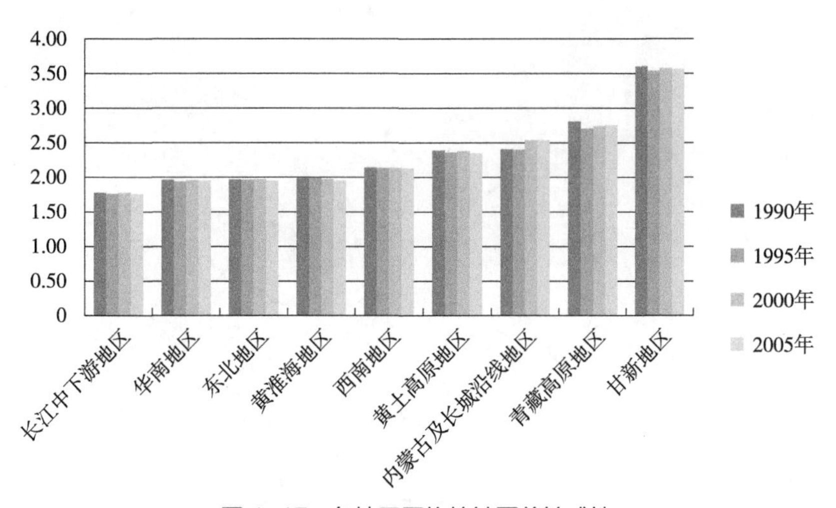


图 4-17 各地区平均植被覆盖敏感性

### 4.4.3 土壤质地

在自然界，不同土壤的矿物质颗粒组成比例差异很大，很少是单一地由某一粒级组成的。土壤中各粒级土粒的配合比例，或各粒级土粒占土壤质量的百分数叫作土壤质地（也称土壤的机械组成）。一般土壤质地划分为沙土、壤土和黏土三大类。

本书依据生态系统敏感性评价方法，其中对土壤质地敏感性的定级，并结合 1∶100 万中国土壤数据库，根据实际情况，进行了土壤质地对土壤侵蚀的敏感性定级。

从图 4-18 可以看出，土壤质地敏感性较小地区主要分布在我国华北平原、东南部；土壤质地敏感性较大地区主要分布在我国北部和西北部，以及青藏高原北部。我国北方黄土高原、内蒙古沙地、西北部塔克拉玛干大沙漠及其附近地区土壤质地敏感性较大；我国南方贵州、重庆和广西部分地区土壤质地敏感性也较大。

从表 4-8 可以看出，我国各省土壤质地敏感性均值在 2.04～4.16。按照土壤质地敏感性排序，上海市土壤质地敏感性均值最小，天津、江苏、黑龙江和安徽等省市土壤质地敏感性均值均较小。宁夏回族自治区土壤质地敏感性均值最大，陕西、甘肃、新疆和山西等省份土壤质地敏感性均值均较大，有利于土壤侵蚀现象的发生。

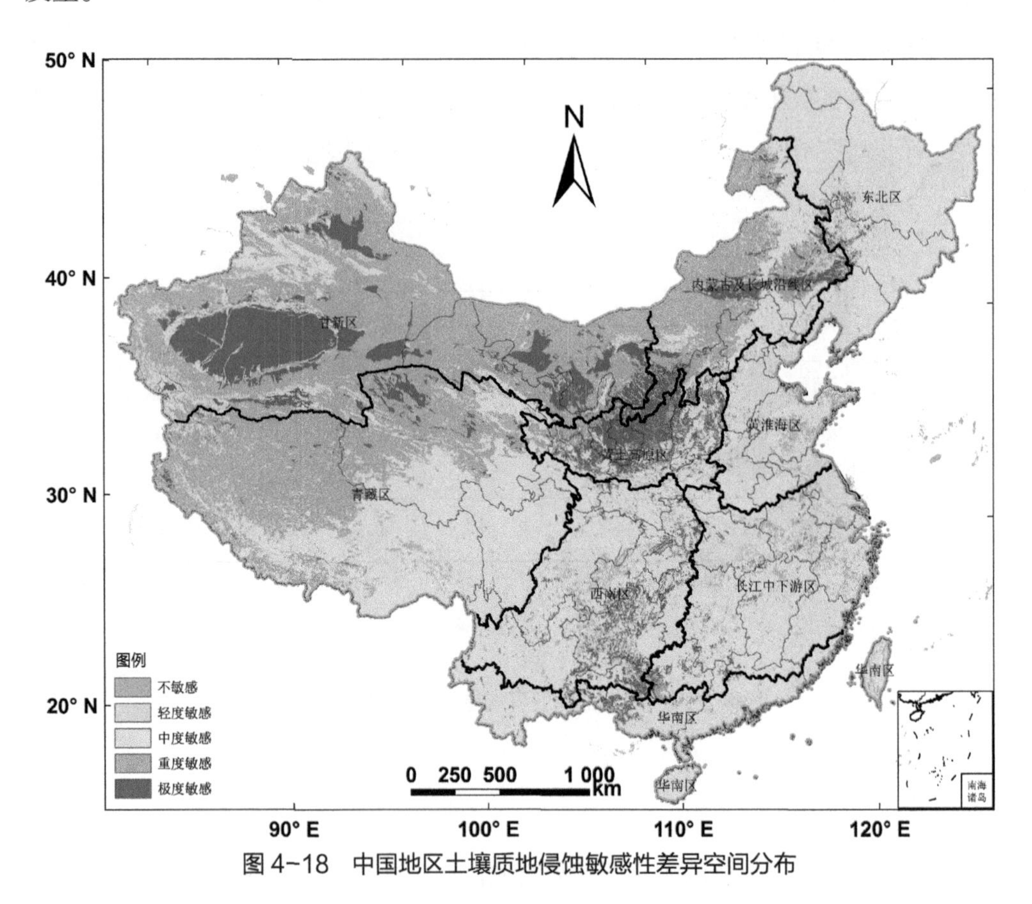


图 4-18　中国地区土壤质地侵蚀敏感性差异空间分布

表 4-8　省、自治区、直辖市土壤质地敏感性平均值

| 省、自治区、直辖市 | 土壤质地侵蚀敏感性指数 | 省、自治区、直辖市 | 土壤质地侵蚀敏感性指数 |
|---|---|---|---|
| 上海市 | 2.04 | 河北省 | 2.90 |
| 天津市 | 2.12 | 四川省 | 2.93 |
| 江苏省 | 2.15 | 海南省 | 2.96 |
| 黑龙江省 | 2.54 | 台湾地区 | 2.97 |
| 安徽省 | 2.67 | 云南省 | 3.03 |
| 辽宁省 | 2.71 | 重庆市 | 3.14 |
| 江西省 | 2.75 | 广西壮族自治区 | 3.23 |
| 河南省 | 2.75 | 西藏自治区 | 3.28 |
| 山东省 | 2.78 | 青海省 | 3.33 |

续表

| 省、自治区、直辖市 | 土壤质地侵蚀敏感性指数 | 省、自治区、直辖市 | 土壤质地侵蚀敏感性指数 |
|---|---|---|---|
| 广东省 | 2.78 | 贵州省 | 3.42 |
| 吉林省 | 2.79 | 内蒙古自治区 | 3.70 |
| 湖北省 | 2.79 | 山西省 | 3.80 |
| 北京市 | 2.80 | 新疆维吾尔自治区 | 3.83 |
| 福建省 | 2.85 | 甘肃省 | 3.85 |
| 湖南省 | 2.85 | 陕西省 | 3.86 |
| 浙江省 | 2.85 | 宁夏回族自治区 | 4.16 |

从图 4-19 可以看出，黄土高原地区土壤质地敏感性指数均值最大，甘新地区、内蒙古及长城沿线地区土壤质地敏感性指数均值均较大，这种状况有利于土壤侵蚀现象发生；黄淮海地区土壤质地敏感性指数均值最小，东北地区、长江中下游地区土壤质地敏感性指数均值均较小，这种状况不利于土壤侵蚀现象发生。

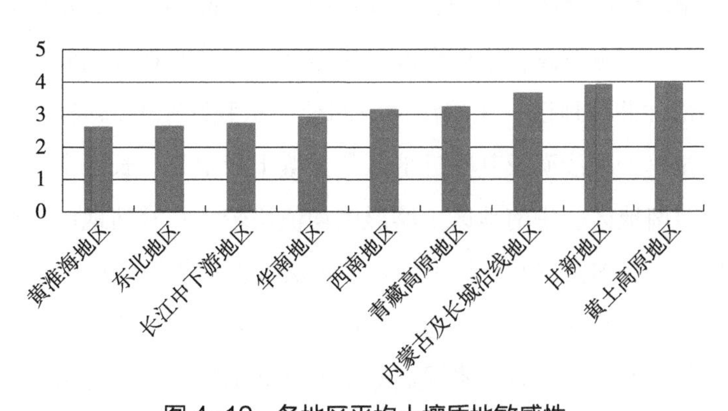


**图 4-19　各地区平均土壤质地敏感性**

## 4.5　本章小结

（1）降雨侵蚀力较小地区主要在我国北部和西北部，降雨侵蚀力较大地区主要分布在我国南部和东南部，降雨侵蚀力从我国东南向西北逐渐减小。另外，青藏高原南部海拔地区受西南季风天气影响，降水量较大，降雨对土壤的侵蚀能力也较强。甘新地区降雨侵蚀力均值最小，内蒙古及长城沿线地区、青藏高原地区降雨侵蚀力均较小；华南地区降雨侵蚀力最大，长江中下游地区和西南地区降雨侵蚀力均较大。

（2）中国土壤可蚀性 $K$ 值平均为 0.035，土壤可蚀性 $K$ 值在 0～0.09 之间变化。土壤可蚀性 $K$ 值较高地区主要分布于北方和西北地区，包括新疆、内蒙古中西部、甘肃、宁夏、陕西和山西北部等地区；$K$ 值较低地区主要分布于东北地区、南部和东南地区，包括黑龙江、吉林和东南沿海的广东、福建等地区。青藏高原北部地区土壤可蚀性 $K$ 值较大，南部地区 $K$ 值较小。土壤可蚀性 $K$ 值平均值最高的分区首先是黄土高原区，其次为甘新地区和黄淮海地区；土壤可蚀性 $K$ 值平均值最低的分区首先是东北地区，其次为华南地区和长江中下游地区。

（3）风场强度较大地区主要分布在我国北部、西北部和青藏高原，风场强度较小地区主要分布在我国南部和东南部，风场强度从我国东南向西北逐渐增大，青藏高原中、北部地区是大风中心。浙江、广东和海南岛地区风场强度较大。整体上，2005 年中国陆地表层风场强度较其他几期小。长江中下游地区风场强度均值最小，西南地区、华南地区地区风场强度均值均较小；青藏高原地区风场强度均值最大，甘新地区、内蒙古及长城沿线地区风场强度均值均较大。

（4）土壤湿度较高地区主要分布在我国南部、东南部，少数年份青藏高原南部和东北地区土壤湿度也较高；土壤湿度较小地区主要分布在我国北部和西北部，以及青藏高原中部和北部地区。土壤湿度空间分布从我国东南部向西北部逐渐减小，西北地区塔克拉玛干大沙漠及其附近地区是土壤干燥中心。长江中下游地区土壤湿度均值最大，西南地区、华南地区土壤湿度均值均较大；甘新地区土壤湿度均值最小，青藏高原地区、内蒙古及长城沿线地区土壤湿度均值均较小。

（5）年降水量较高地区主要分布在我国南部、东南部；年降水量较低地区主要分布在我国北部和西北部，以及青藏高原中部和北部地区。年降水量从我国东南部向西北部逐渐减小，西北地区塔克拉玛干大沙漠及其附近地区年降水量最低。华南地区年降水量均值最大，长江中下游地区、西南地区年降水量均值均较大；甘新地区年降水量均值最小，内蒙古及长城沿线地区、东北地区年降水量均值均较小。青藏高原地区年降水量在各区中处于中等水平。

（6）大于 0℃天数较多地区主要分布在我国南部、东南部；大于 0℃天数较少地区主要分布在我国东北部和西北部，以及青藏高原中部和北部地区，在秦岭—淮河附近有明显界线。大于 0℃天数从我国东南部向西北部逐渐减少。长江中下游地区大于 0℃天数均值最多，华南地区、西南地区大于 0℃天数均值均较多；青藏高原地区大于 0℃天数均值最少，内蒙古及长城沿线地区、东北地区大于 0℃天数均值均较少。

（7）地形起伏度较大地区主要分布在我国西南部、东南部和青藏高原；地形起伏度较小地区主要分布在我国华北平原和西北部，以及东北平原地区。青藏高原地区地形起伏度较大的面积较多，其次是西南地区，这两个地区较易形成冻融侵蚀和水力侵蚀；而西北地区地形起伏度较小，有利于形成风力侵蚀作用。

（8）高覆盖草地主要分布在青藏高原东部、内蒙古东部和北部，以及天山地区附近。南方草地零星分布地区草地覆盖度也比较高。低覆盖草地主要分布在青藏高原西部、内蒙古中西部地区。中覆盖草地主要分布在高覆盖草地和低覆盖草地过渡地区。植被覆盖敏感性指数较低地区主要分布在我国东部、东南部；植被覆盖敏感性指数较高地区主要分布在我国北部和西北部，以及青藏高原北部地区。植被覆盖敏感性指数从我国东南部向西北部逐渐增加，这与我国的年降水量格局基本一致。长江中下游地区植被覆盖敏感性指数均值最小，华南地区、东北地区植被覆盖敏感性指数均值较小；甘新地区植被覆盖敏感性指数均值最大，青藏高原地区、内蒙古及长城沿线地区植被覆盖敏感性指数均值较大。

（9）土壤质地敏感性较小地区主要分布在我国华北平原、东南部；土壤质地敏感性较大地区主要分布在我国北部和西北部，以及青藏高原北部。黄土高原地区土壤质地敏感性指数均值最大，甘新地区、内蒙古及长城沿线地区土壤质地敏感性指数均值均较大，这种状况有利于土壤侵蚀现象发生；黄淮海地区土壤质地敏感性指数均值最小，东北地区、长江中下游地区土壤质地敏感性指数均值均较小，这种状况不利于土壤侵蚀现象发生。

# 第五章

# 中国国家尺度土壤侵蚀敏感性评价

土壤侵蚀敏感性是指在自然状况下土壤发生侵蚀的潜在风险和可能性的大小，它是生态环境敏感性的一个组成部分。土壤侵蚀敏感性评价是根据区域土壤侵蚀的形成机制，分析其区域分异规律，明确可能发生的土壤侵蚀类型、范围与可能程度（莫斌，2004）。该评价是为了明确生态系统对人类活动的敏感程度，识别容易形成土壤侵蚀的区域，为人们的生产和生活提供科学的依据（周红艺，2009）。目前，国内外关于土壤侵蚀敏感性评价的研究主要集中于经验性及半定量的方法，并且已经取得了一定的成果，但就研究对象的广度和深度而言还有待进一步提高。

本章将综合风力侵蚀、水力侵蚀和冻融侵蚀敏感性评价因子，在全国范围内分别对风蚀敏感性、水蚀敏感性和冻融侵蚀敏感性进行评价，计算土壤侵蚀敏感性指数；然后进一步综合这三大侵蚀敏感性结果，计算空间上土壤侵蚀敏感性综合指数。

## 5.1　水力侵蚀敏感性

水力侵蚀敏感性指数是定量指示区域土壤水力侵蚀敏感性程度的指标。该指标由地形起伏度、降雨侵蚀力、土壤可蚀性、土壤质地、植被覆盖程度 5 个影响因子叠加生成。在 ArcGIS 支持下，本书首先对各指标 1990 年、1995 年、2000 年和 2005 年四期空间数据进行连续性定量分级，界定各因子对土壤水力侵蚀敏感性贡献程度的空间分布，然后综合这 5 个因子，生成数值上连续性的四期土壤水力侵蚀敏感性指数空间分布。

### 5.1.1　水蚀敏感性因子连续性分级

在生态系统敏感性评价方法中，首先对敏感性因子界定值域区间，然后对该区间的值赋予相同的敏感性的值，这样是不合理的。

本书地形起伏度分级区间参考原国家环保总局制定的规程，首先把地形起伏度及其所对应的敏感性值在坐标轴上标出，然后采用效果最好的方式对坐标散点进行拟合，结果如图 5-1 所示。从图中可以看出，$x$ 值代表地形起伏度，$y$ 值代表敏感性值，拟合后方程为 $y=1.126\ln(x)-1.8465$，$R^2$ 达到 0.992 8，拟合效果还是不错的。利用此方程即可把地形起伏度转换为敏感性值。

土壤可蚀性分级区间是以计算得到的土壤可蚀性最大值为敏感性上界，最小值为敏感性下界，按照线性关系把土壤可蚀性的值转换为敏感性的值。结果如

图 5-2 所示。从图中可以看出，$x$ 值代表土壤可蚀性，$y$ 值代表敏感性值，转换方程为 $y=55.556x+0.5$。

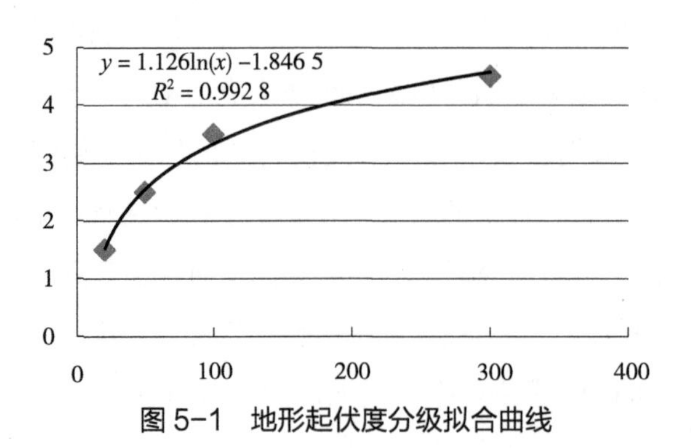


图 5-1　地形起伏度分级拟合曲线

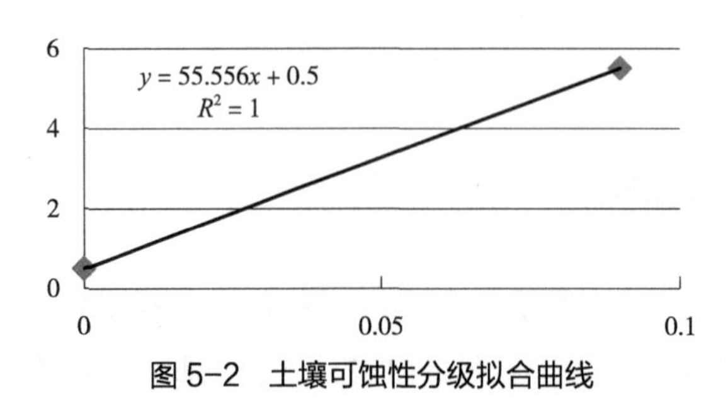


图 5-2　土壤可蚀性分级拟合曲线

对降雨侵蚀力分级，首先把降雨侵蚀力及其所对应的敏感性值在坐标轴上标出，然后采用效果最好的方式对坐标散点进行拟合，拟合结果如图 5-3 所示。从图中可以看到，$x$ 值代表降雨侵蚀力，$y$ 值代表敏感性值，拟合后方程为 $y=0.780\,8\ln(x)-3.072\,3$，$R^2$ 达到 0.972 3，拟合效果基本能满足要求。利用此转换方程把降雨侵蚀力转换为敏感性值。

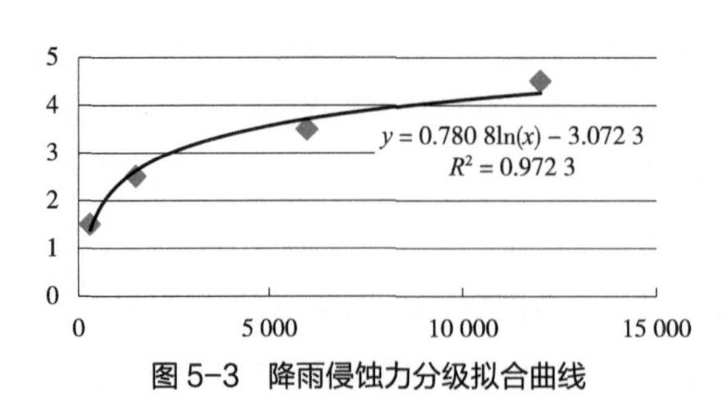


图 5-3　降雨侵蚀力分级拟合曲线

## 5.1.2　水蚀敏感性结果

在完成对地形起伏度、降雨侵蚀力和土壤可蚀性三个因子连续性定级后，综合已经完成定级的土壤质地和植被覆盖因子，就可以生成土壤水力侵蚀敏感性指数空间分布，结果如图 5-4 所示。

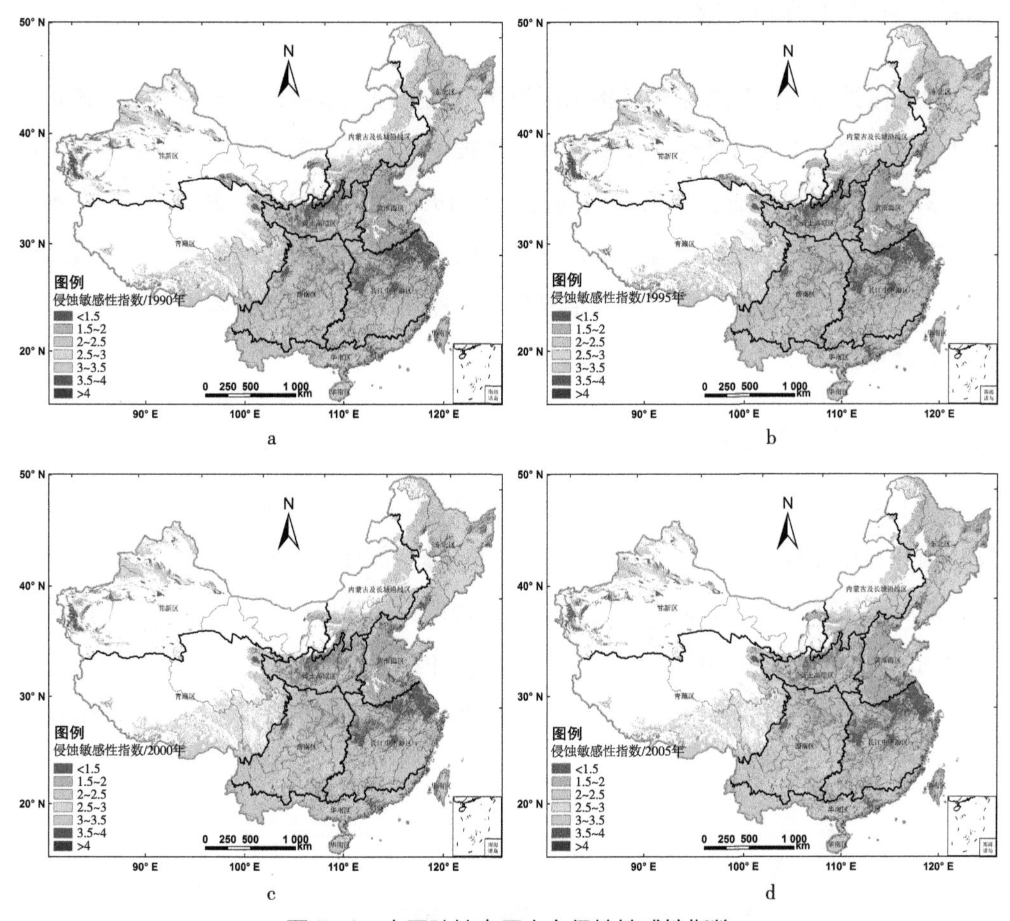


图 5-4　中国陆地表层水力侵蚀敏感性指数

从图 5-4 可以看出，空间上，我国土壤水力侵蚀敏感性较高地区主要分布在北方的黄土高原地区。这是由于该地区土壤质地较松散、土壤可蚀性较强，再加上地形起伏度较高、植被覆盖较差，很容易导致水土流失。我国西南部和东南部地区土壤水力侵蚀敏感性也较高，这是由于这些地区年降水量较大，而且地形起伏度较高的缘故。另外，我国西部少数大型山脉地区土壤水力侵蚀敏感性较高，但面积较小。青藏高原南部小范围地区受西南季风影响年降水量较大，地形起伏度也较高，因此土壤水力侵蚀敏感性也较高。我国东部平原地区年降水量较大，但由于地势平坦，再加上植被覆盖较好，因此土壤水力侵蚀敏感性较低。时间上，1990 年、1995 年、2000 年和 2005 年我国陆地表层土壤水力侵蚀敏感性指数分别为 2.653 4、2.652 2、2.636 7 和 2.625 3，土壤水力侵蚀敏感性总体上呈下降趋势。

## 5.2 风力侵蚀敏感性

风力侵蚀敏感性指数是定量指示区域土壤风力侵蚀敏感性程度的指标。该指标由地形起伏度、土壤可蚀性、土壤质地、植被覆盖程度、风场强度、土壤表层湿度 6 个影响因子叠加生成。本书首先对各指标 1990 年、1995 年、2000 年和 2005 年四期空间数据进行连续性定量分级，界定各因子对土壤风力侵蚀敏感性贡献程度的空间分布，然后综合这 6 个因子，生成数值上连续性的四期土壤风力侵蚀敏感性指数空间分布。

### 5.2.1 风蚀敏感性因子连续性分级

在土壤风蚀敏感性评价中，地形起伏度因子与水蚀敏感性评价中的作用完全相反，因此需要重新拟合。首先把地形起伏度及其所对应的敏感性值在坐标轴上标出，最后采用效果最好的方式对坐标散点进行拟合，结果如图 5-5 所示。从图中可以看到，$x$ 值代表地形起伏度，$y$ 值代表敏感性值，拟合后方程为 $y=-1.126\ln(x)+7.846\ 5$，$R^2$ 达到 0.992 8，拟合效果还是不错的。利用此方程即可把地形起伏度转换为敏感性值。

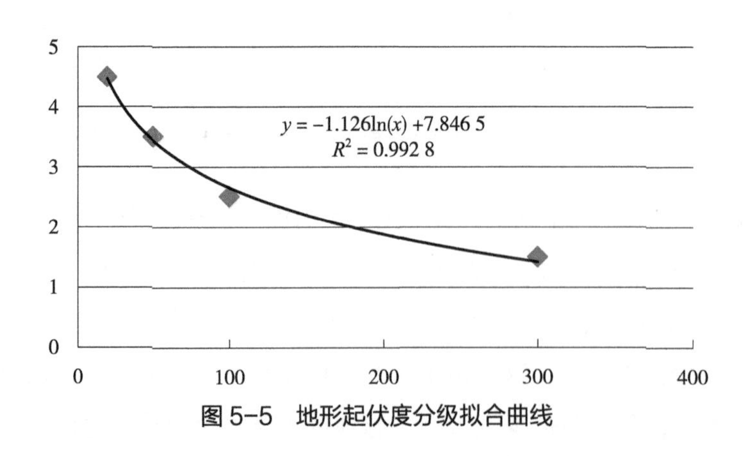


图 5-5　地形起伏度分级拟合曲线

土壤表层湿度分级主要利用专家经验确定分级区间，并按照线性关系拟合把土壤可蚀性的值转换为敏感性的值。结果如图 5-6 所示。从图中可以看出，$x$ 值代表土壤表层湿度，$y$ 值代表敏感性值，转换方程为 $y=-0.14x+6.5$，$R^2$ 达到 0.98，拟合效果满足要求。

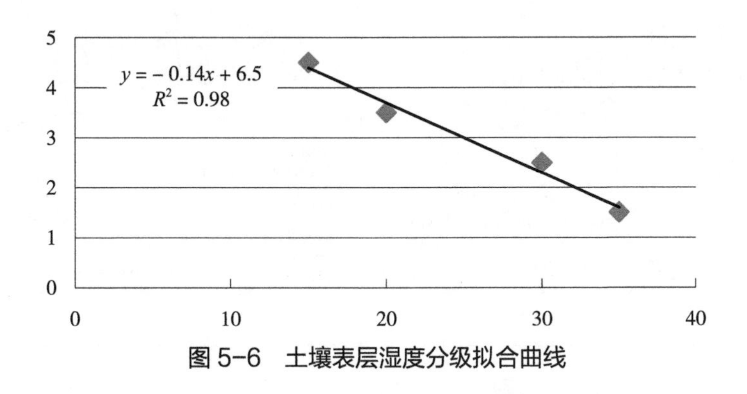


图 5-6　土壤表层湿度分级拟合曲线

风场强度分级区间参考师华定等（2010）对风力侵蚀的研究成果，结合专家经验。首先把风场强度及其所对应的敏感性值在坐标轴上标出，最后采用效果最好的方式对坐标散点进行拟合。经试验，幂函数的效果最好，拟合结果如图 5-7 所示。从图中可以看出，$x$ 值代表风场强度，$y$ 值代表敏感性值，拟合后方程为 $y=0.434\ 6x^{0.231\ 5}$，$R^2$ 达到 0.993 5，拟合效果基本能满足要求。利用此转换方程把风场强度转换为敏感性值。

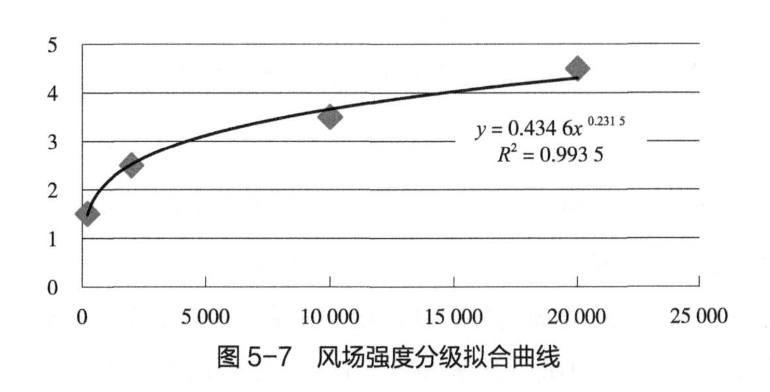


图 5-7　风场强度分级拟合曲线

## 5.2.2　风蚀敏感性评价结果

在完成对地形起伏度、风场强度和土壤湿度 3 个因子连续性定级后，综合已经完成定级的土壤质地、土壤可蚀性和植被覆盖因子，就可以生成土壤风力侵蚀敏感性指数空间分布，结果如图 5-8 所示。

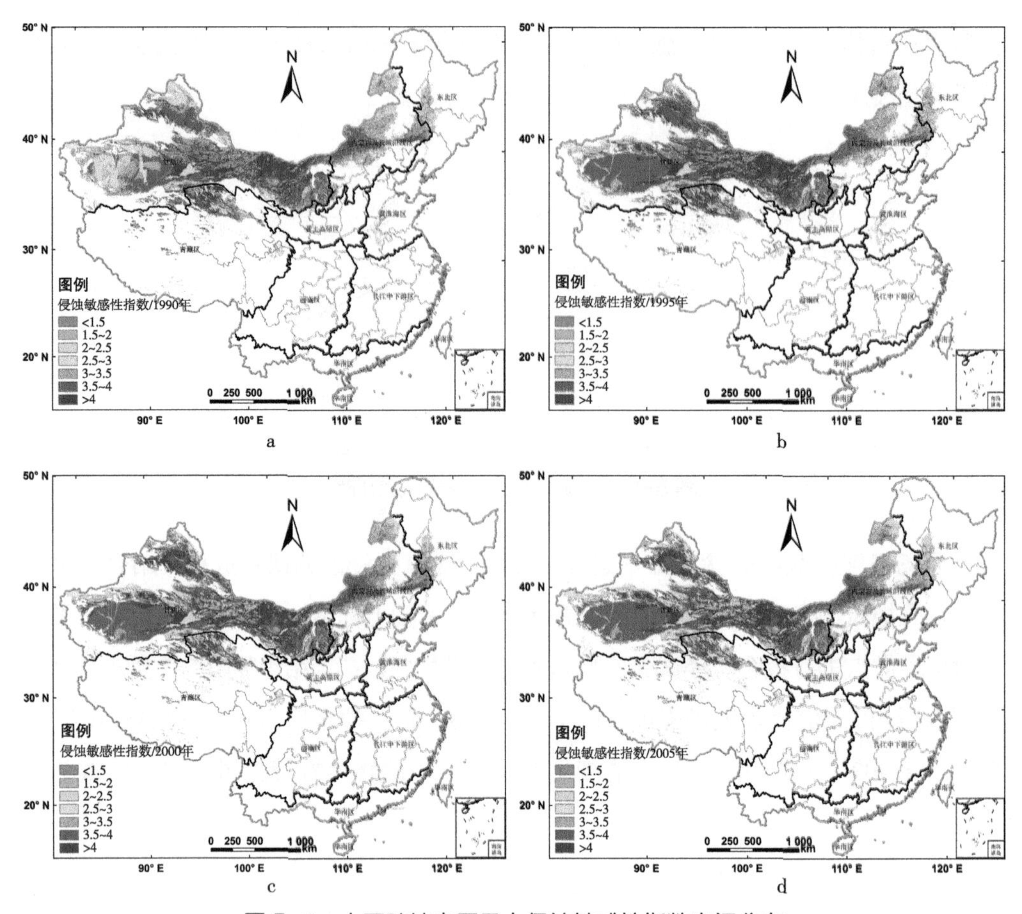


图 5-8 中国陆地表层风力侵蚀敏感性指数空间分布

从图 5-8 可以看出，空间上，我国土壤风力侵蚀敏感性较高地区主要分布在北方的内蒙古、新疆和甘肃地区。这是由于这些地区土壤质地较松散、土壤可蚀性较强，再加上地形起伏度较低、植被覆盖较差、土壤湿度较低以及风场强度较大，很容易导致土壤风蚀。我国青藏高原北部柴达木盆地土壤风蚀条件不如上述地区好，但土壤风力侵蚀敏感性也不低。宁夏和陕西北部、东北局部地区也有较高风蚀敏感性分布地区。时间上，1990 年、1995 年、2000 年和 2005 年我国陆地表层土壤风力侵蚀敏感性指数分别为 3.198 7、3.312 3、3.353 7 和 3.298 7，1990—2000 年土壤风力侵蚀敏感性在增强，近五年来土壤风力侵蚀敏感性有所减弱。

## 5.3 冻融侵蚀敏感性

冻融侵蚀敏感性指数是定量指示区域土壤冻融侵蚀敏感性程度的指标。该指标由地形起伏度、土壤质地、植被覆盖程度、年降水量、大于0℃天数5个影响因子叠加生成。在ArcGIS支持下，本书首先对各指标1990年、1995年、2000年和2005年四期空间数据进行连续性定量分级，界定各因子对土壤冻融侵蚀敏感性贡献程度的空间分布，然后综合这5个因子，生成数值上连续性的四期土壤冻融侵蚀敏感性指数空间分布。

## 5.3.1 冻融侵蚀敏感性因子连续性分级

参考钟祥浩等（2003）对冻融侵蚀的研究成果，结合专家经验对大于0℃天数因子进行分级。分级结果按照线性关系拟合，把大于0℃天数的值转换为敏感性的值。结果如图5-9所示。从图中可以看出，$x$值代表大于0℃天数，$y$值代表敏感性值，转换方程为$y=-0.025x+9.5$。

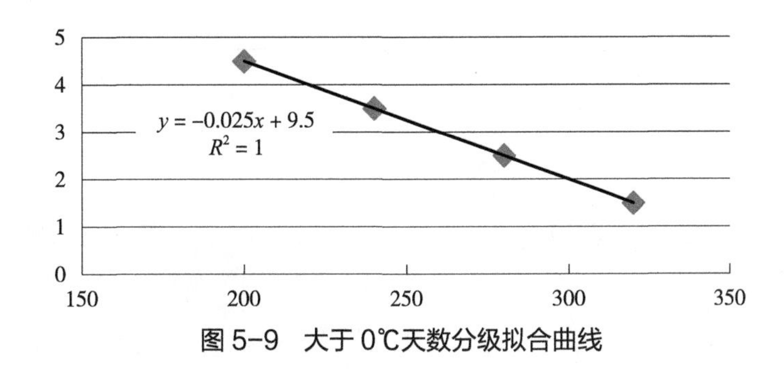


图5-9　大于0℃天数分级拟合曲线

年降水量分级区间参考钟祥浩等（2003）对冻融侵蚀的研究成果，结合专家经验，首先把年降水量及其所对应的敏感性值在坐标轴上标出，最后采用效果最好的方式对坐标散点进行拟合。经试验，对数函数的效果最好，拟合结果如图5-10所示。从图中可以看出，$x$值代表年降水量，$y$值代表敏感性值，拟合后方程为$y=1.413\ 1\ln(x)-5.816\ 6$，$R^2$达到0.986 6，拟合效果基本能满足要求。利用此转换方程把年降水量转换为敏感性值。

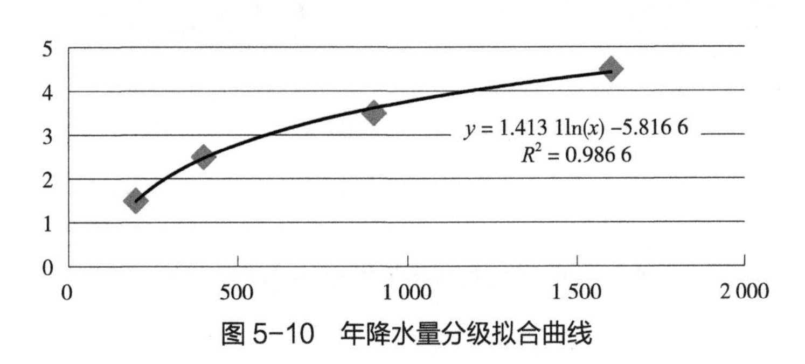


图5-10　年降水量分级拟合曲线

## 5.3.2 冻融侵蚀敏感性结果

在完成对年降水量、大于0℃天数2个因子连续性定级后，综合已经完成定级的地形起伏度、土壤质地、植被覆盖因子，就可以生成土壤冻融侵蚀敏感性指数空间分布，结果如图5-11所示。

从图5-11可以看出，空间上，我国土壤冻融侵蚀敏感性较高地区主要分布在青藏高原中部地区。这是由于该地区植被覆盖较差、地形起伏度较高、大于0℃天数较少，很容易导致冻融侵蚀。青藏高原北部祁连山地区土壤冻融侵蚀敏感性也较高。另外我国西部和东北部少数大型山脉地区也分布着土壤冻融侵蚀。时间上，1990年、1995年、2000年和2005年我国陆地表层土壤冻融侵蚀敏感性指数分别为3.195 8、3.067 3、3.177 6和3.109 9，土壤冻融侵蚀敏感性总体上呈现不断下降的趋势，初步推断，这种现象可能与全球变暖有关。

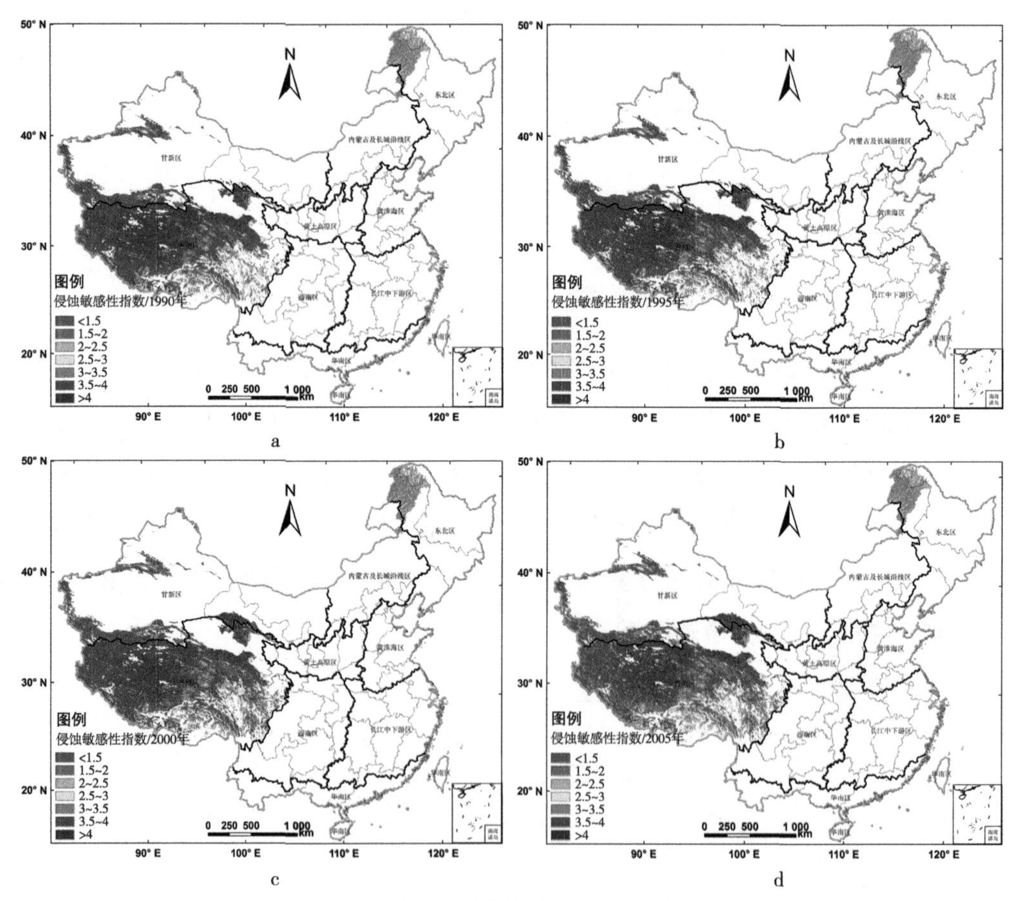


图5-11 中国陆地表层冻融侵蚀敏感性指数

# 5.4　土壤侵蚀敏感性综合评价

本章前三节内容已经得到了 1990 年、1995 年、2000 年和 2005 年四期中国陆地表层土壤风力侵蚀、水力侵蚀和冻融侵蚀敏感性指数空间分布，接下来依据风蚀、水蚀和冻融侵蚀空间分布数据，进一步生成四期土壤侵蚀敏感性综合指数，来定量指示区域土壤侵蚀敏感性程度。

## 5.4.1　土壤侵蚀敏感性综合指数空间分布

土壤侵蚀敏感性综合指数是空间上风力侵蚀区、水力侵蚀区和冻融侵蚀区的土壤风力侵蚀、水力侵蚀和冻融侵蚀敏感性指数，采用中国陆地表层土壤风力侵蚀、水力侵蚀和冻融侵蚀敏感性指数空间数据与土壤侵蚀类型空间分布图叠加而生成。该指数能够反映区域主导土壤侵蚀类型的侵蚀敏感性程度。结果如图 5-12 所示。

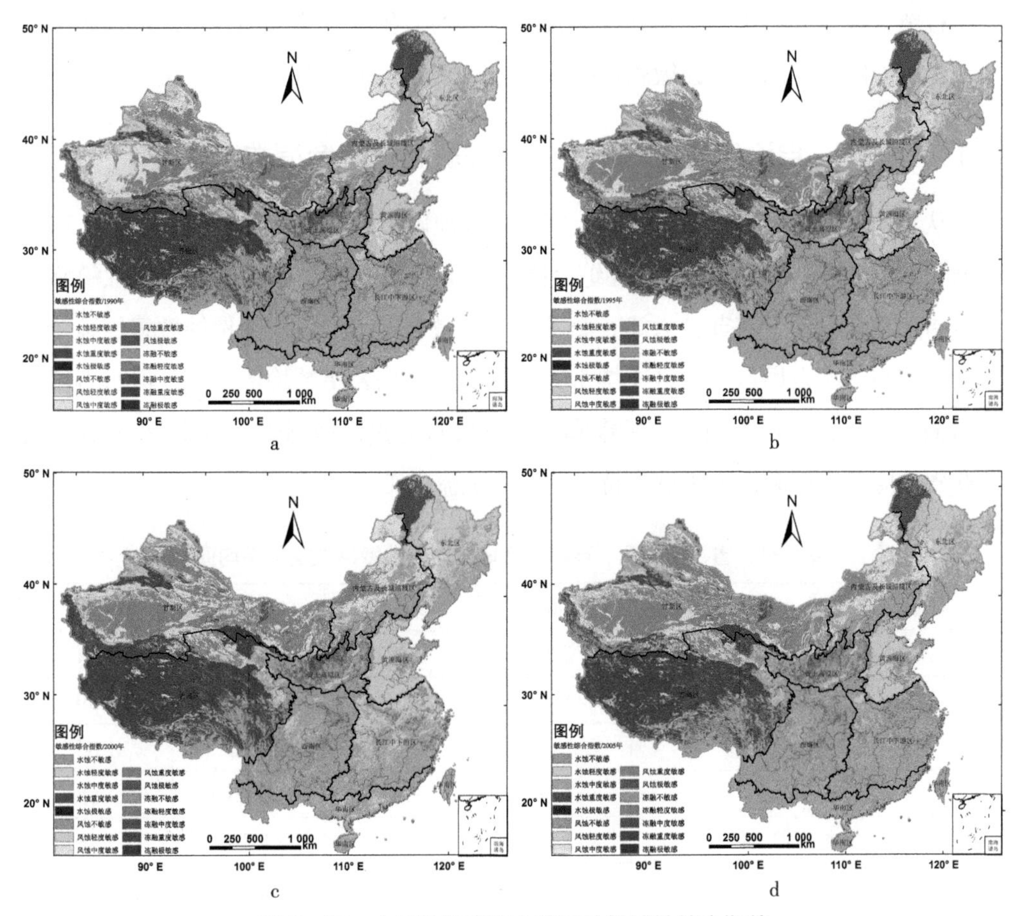


图 5-12　中国陆地表层土壤侵蚀敏感性综合指数

从图 5-12 可以看出，空间上我国土壤水力侵蚀敏感性最高主要分布在黄土高原地区，水土流失亟须治理，其次为西南多山地区以及青藏高原东南部地区。这些地区降雨侵蚀力较强，地形起伏度较大，并且黄土高原地区植被状况较差、土壤可蚀性较强，因此土壤水力侵蚀敏感性综合指数较高，水土流失现象需要重视。另外，我国西北部少数大型山脉地区土壤水力侵蚀敏感性指数也较高，但面积较小。我国华北平原、长江中下游平原地区土壤水力侵蚀敏感性较低，这与该地区地形起伏度较低、植被覆盖较好、土壤可蚀性较弱有关。我国土壤风力侵蚀敏感性最高主要分布在内蒙古中部和西部地区，当地防风固沙工程亟须开展。土壤风力侵蚀敏感性较高地区主要分布在内蒙古东部、新疆东部和柴达木盆地，这些地区地形起伏度较低，风场强度较大，植被覆盖较差，土壤湿度较低，易于风力侵蚀形成。我国土壤冻融侵蚀敏感性最高主要分布在青藏高原中部地区，祁连山地区和内蒙古东部地区土壤冻融侵蚀敏感性也较高。这些地区地形起伏度较高、大于 0℃天数较少，如果植被覆盖较差，则很容易形成冻融侵蚀。另外，我国西北部和四川西部地区少数大型山脉地区土壤冻融侵蚀敏感性指数也较高，但面积较小。

### 5.4.2 各省、自治区、直辖市土壤侵蚀敏感性综合指数

从表 5-1 可以看出，我国各省土壤水力侵蚀敏感性综合指数均值在 1.04～3.34。按照 1990 年土壤水力侵蚀敏感性综合指数均值排序，上海市土壤水力侵蚀敏感性综合指数均值最小，江苏、天津、黑龙江和安徽等省市土壤水力侵蚀敏感性综合指数均值较小。宁夏回族自治区土壤水力侵蚀敏感性综合指数均值最大，但水力侵蚀类型面积较小；陕西、山西、甘肃和云南土壤水力侵蚀敏感性综合指数均值较大。这些省份应该重视和加强土壤保持、防治水土流失工作。

表 5-1　省、自治区、直辖市土壤水力侵蚀敏感性指数平均值

| 省、自治区、直辖市 | 1990 年 | 1995 年 | 2000 年 | 2005 年 |
| --- | --- | --- | --- | --- |
| 上海市 | 1.05 | 1.05 | 1.05 | 1.04 |
| 江苏省 | 1.41 | 1.39 | 1.38 | 1.39 |
| 天津市 | 1.65 | 1.68 | 1.60 | 1.66 |
| 安徽省 | 1.98 | 1.97 | 1.96 | 1.95 |
| 黑龙江省 | 2.20 | 2.20 | 2.14 | 2.16 |
| 山东省 | 2.41 | 2.42 | 2.39 | 2.41 |
| 河南省 | 2.46 | 2.43 | 2.40 | 2.41 |

续表

| 省、自治区、直辖市 | 1990 年 | 1995 年 | 2000 年 | 2005 年 |
|---|---|---|---|---|
| 吉林省 | 2.47 | 2.47 | 2.43 | 2.43 |
| 湖北省 | 2.48 | 2.46 | 2.45 | 2.45 |
| 浙江省 | 2.52 | 2.53 | 2.52 | 2.48 |
| 新疆维吾尔自治区 | 2.54 | 2.56 | 2.58 | 2.55 |
| 河北省 | 2.54 | 2.58 | 2.49 | 2.50 |
| 江西省 | 2.54 | 2.56 | 2.55 | 2.53 |
| 广东省 | 2.54 | 2.54 | 2.55 | 2.54 |
| 辽宁省 | 2.57 | 2.65 | 2.55 | 2.60 |
| 湖南省 | 2.58 | 2.59 | 2.58 | 2.55 |
| 台湾地区 | 2.64 | 2.61 | 2.70 | 2.71 |
| 青海省 | 2.64 | 2.62 | 2.64 | 2.64 |
| 北京市 | 2.66 | 2.63 | 2.52 | 2.51 |
| 内蒙古自治区 | 2.69 | 2.69 | 2.61 | 2.58 |
| 海南省 | 2.80 | 2.80 | 2.81 | 2.78 |
| 广西壮族自治区 | 2.81 | 2.84 | 2.82 | 2.81 |
| 福建省 | 2.83 | 2.84 | 2.84 | 2.84 |
| 西藏自治区 | 2.83 | 2.76 | 2.84 | 2.85 |
| 四川省 | 2.84 | 2.80 | 2.84 | 2.81 |
| 重庆市 | 2.96 | 2.97 | 2.97 | 2.95 |
| 贵州省 | 2.99 | 3.00 | 3.00 | 2.97 |
| 云南省 | 2.99 | 2.99 | 3.01 | 2.98 |
| 甘肃省 | 3.07 | 3.04 | 3.11 | 3.07 |
| 陕西省 | 3.15 | 3.15 | 3.14 | 3.14 |
| 山西省 | 3.16 | 3.21 | 3.13 | 3.12 |
| 宁夏回族自治区 | 3.29 | 3.34 | 3.29 | 3.12 |

从表 5-2 可以看出，我国各省土壤风力侵蚀敏感性综合指数均值在 1.41～3.48。按照 1990 年土壤风力侵蚀敏感性综合指数均值排序，福建省土壤风力侵蚀敏感性综合指数均值最小，河南、黑龙江、四川、吉林等省份土壤风力侵蚀敏感性综合指数均值较小。陕西省土壤风力侵蚀敏感性综合指数均值最大，内蒙古自治区、甘肃、青海和西藏自治区土壤风力侵蚀敏感性综合指数均值较大。其他如新疆、河北和宁夏等省份土壤风力侵蚀敏感性综合指数也较高。

表5-2 省、自治区、直辖市土壤风力侵蚀敏感性指数平均值

| 省、自治区、直辖市 | 1990年 | 1995年 | 2000年 | 2005年 |
|---|---|---|---|---|
| 福建省 | 1.71 | 1.61 | 1.56 | 1.41 |
| 四川省 | 1.96 | 1.99 | 1.94 | 1.95 |
| 黑龙江省 | 2.33 | 2.36 | 2.48 | 2.44 |
| 河南省 | 2.64 | 2.73 | 2.71 | 2.42 |
| 吉林省 | 2.76 | 2.75 | 2.97 | 2.82 |
| 辽宁省 | 2.77 | 2.89 | 2.93 | 2.75 |
| 山东省 | 2.80 | 2.86 | 2.93 | 2.79 |
| 宁夏回族自治区 | 2.87 | 2.82 | 2.89 | 2.81 |
| 海南省 | 2.88 | 2.77 | 2.44 | 2.42 |
| 河北省 | 3.05 | 2.97 | 3.08 | 2.95 |
| 新疆维吾尔自治区 | 3.12 | 3.33 | 3.35 | 3.31 |
| 青海省 | 3.22 | 3.22 | 3.24 | 3.18 |
| 西藏自治区 | 3.22 | 3.24 | 3.14 | 3.21 |
| 甘肃省 | 3.37 | 3.45 | 3.44 | 3.29 |
| 内蒙古自治区 | 3.37 | 3.40 | 3.47 | 3.41 |
| 陕西省 | 3.43 | 3.45 | 3.48 | 3.34 |

表5-3 省、自治区、直辖市土壤冻融侵蚀敏感性指数平均值

| 省、自治区、直辖市 | 1990年 | 1995年 | 2000年 | 2005年 |
|---|---|---|---|---|
| 新疆维吾尔自治区 | 2.19 | 2.15 | 2.22 | 2.17 |
| 云南省 | 2.29 | 1.64 | 2.62 | 2.37 |
| 四川省 | 2.98 | 2.94 | 3.25 | 3.16 |
| 内蒙古自治区 | 3.22 | 3.21 | 3.21 | 2.97 |
| 黑龙江省 | 3.27 | 3.26 | 3.26 | 3.19 |
| 西藏自治区 | 3.38 | 3.18 | 3.33 | 3.28 |
| 青海省 | 3.52 | 3.43 | 3.47 | 3.40 |
| 甘肃省 | 3.92 | 3.83 | 3.53 | 3.45 |

从表5-3可以看出，我国仅有8个省份涉及土壤冻融侵蚀，其中云南省仅有1 200 $km^2$左右，面积非常小。甘肃省土壤冻融侵蚀敏感性综合指数均值最高，面积为52 000 $km^2$，青海、西藏和黑龙江省土壤冻融侵蚀敏感性综合指数均值较高，且面积非常大。

### 5.4.3 各分区土壤侵蚀敏感性综合指数

从图 5-13 可以看出，黄土高原地区土壤水力侵蚀敏感性综合指数均值最大，西南地区、内蒙古及长城沿线地区土壤水力侵蚀敏感性综合指数均值较大。黄淮海地区土壤水力侵蚀敏感性综合指数均值最小，东北地区和长江中下游地区土壤水力侵蚀敏感性综合指数均值较小。除华南地区外，其他地区 1990—2005 年土壤水力侵蚀敏感性均有下降趋势。内蒙古及长城沿线地区下降趋势最大。

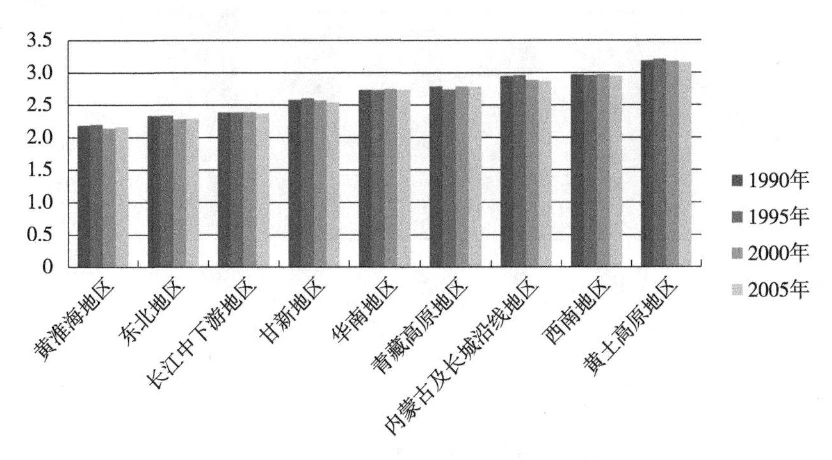


图 5-13　各地区平均土壤水力侵蚀敏感性指数

从图 5-14 可以看出，甘新地区土壤风力侵蚀敏感性综合指数均值最大，黄土高原、青藏高原和内蒙古及长城沿线地区土壤风力侵蚀敏感性综合指数均值较大。华南地区土壤风力侵蚀敏感性综合指数均值最小。除华南地区和青藏高原地区外，其他地区 1990—2005 年土壤风力侵蚀敏感性均有上升趋势，各地区均表现出 1990—2000 年土壤风力侵蚀敏感性显著上升，2000—2005 年土壤风力侵蚀敏感性有所降低。

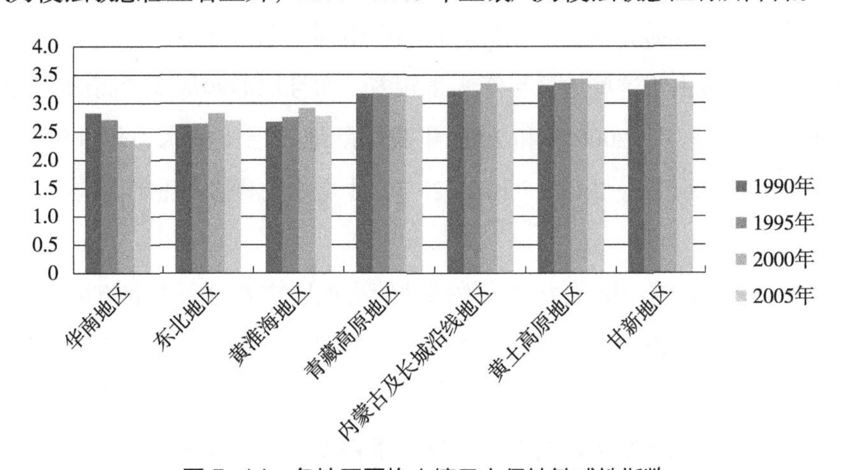


图 5-14　各地区平均土壤风力侵蚀敏感性指数

从图 5-15 可以看出，黄土高原地区土壤冻融侵蚀敏感性综合指数均值最大，但面积仅有 400～700 $km^2$。青藏高原地区和西南地区土壤冻融侵蚀敏感性综合指数均值较大。甘新地区土壤冻融侵蚀敏感性综合指数均值最小。各地区 1990—2005 年土壤冻融侵蚀敏感性均有下降趋势，可能与全球变暖有关，其中青藏高原地区下降趋势最大。

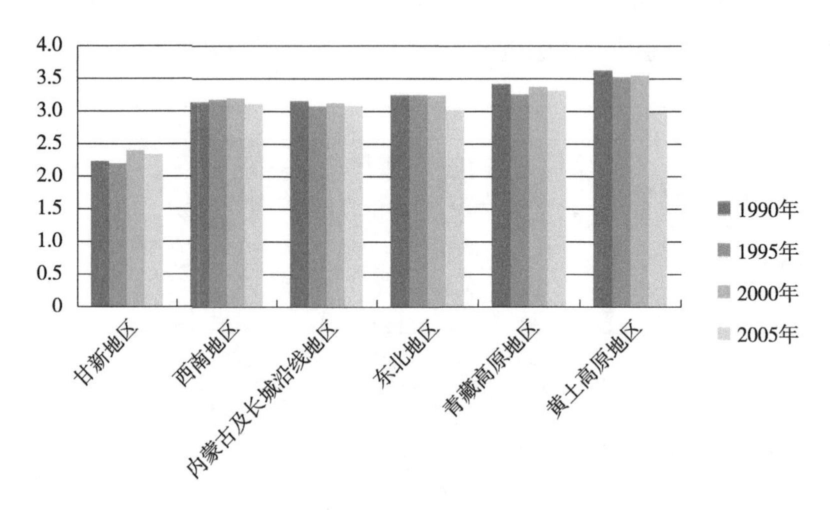


图 5-15　各地区平均土壤冻融侵蚀敏感性指数

## 5.5　本章小结

（1）空间上，我国土壤水力侵蚀敏感性较高地区主要分布在北方的黄土高原地区。这是由于该地区土壤质地较松散、土壤可蚀性较强，再加上地形起伏度较高、植被覆盖较差，很容易导致水土流失。我国西南部和东南部地区，土壤水力侵蚀敏感性也较高，这是由于这些地区年降水量较多，而且地形起伏度较高的缘故。时间上，1990 年、1995 年、2000 年和 2005 年我国陆地表层土壤水力侵蚀敏感性指数分别为 2.653 4、2.652 2、2.636 7 和 2.625 3，土壤水力侵蚀敏感性总体上呈现下降趋势。

（2）空间上，我国土壤风力侵蚀敏感性较高地区主要分布在北方的内蒙古、新疆和甘肃地区。这是由于这些地区土壤质地较松散、土壤可蚀性较强，再加上地形起伏度较低、植被覆盖较差、土壤湿度较低以及风场强度较大，很容易导致土壤风蚀。我国青藏高原北部柴达木盆地土壤风蚀条件不如上述地区好，但土壤风力侵蚀敏感性也不低。时间上，1990 年、1995 年、2000 年和 2005 年我国陆地表层土壤风力侵蚀敏感性指数分别为 3.198 7、3.312 3、3.353 7 和 3.298 7，土壤风力侵蚀敏感性总体上呈现上升趋势。

（3）空间上，我国土壤冻融侵蚀敏感性较高地区主要分布在青藏高原中部地区。这是由于该地区植被覆盖较差、地形起伏度较高、大于 0℃天数较少，很容易导致冻融侵蚀。时间上，1990 年、1995 年、2000 年和 2005 年我国陆地表层土壤冻融侵蚀敏感性指数分别为 3.195 8、3.067 3、3.177 6 和 3.109 9，土壤冻融侵蚀敏感性总体上呈现不断下降的趋势，初步推断，这种现象可能与全球变暖有关。

（4）我国土壤水力侵蚀敏感性最高的地区为黄土高原地区，该地区水土流失亟须治理，西南地区、内蒙古及长城沿线地区土壤水力侵蚀敏感性也较高。我国土壤风力侵蚀敏感性最高的是甘新地区，当地防风固沙工程亟须开展。黄土高原、青藏高原和内蒙古及长城沿线地区土壤风力侵蚀敏感性也较高。我国土壤冻融侵蚀敏感性较高地区为黄土高原、青藏高原和东北地区。

# 第六章

# 关于中国土壤侵蚀敏感性格局与成因的初步分析

土壤侵蚀敏感性是生态系统敏感性的一部分，各生态系统类型土壤侵蚀敏感性程度各异。本章首先探讨了中国各生态系统类型与土壤侵蚀敏感性空间差异的对应关系，然后对土壤侵蚀敏感性时空变化的驱动力进行了探讨。

## 6.1　生态系统类型及其变化与土壤侵蚀敏感性的相关性分析

土壤侵蚀敏感性是生态系统敏感性的组成部分。生态系统的服务功能对土壤侵蚀敏感性变化具有十分重要的影响。不同的生态系统，其服务功能的强弱不同，由此导致土壤侵蚀敏感性变化方向不同。本书利用20世纪80年代末、1995年、2000年和2005年四期土地利用数据提取了农田、林地、草地、荒漠四种生态系统的空间分布，然后叠加土壤侵蚀敏感性空间数据，分析生态系统类型对土壤侵蚀敏感性影响。

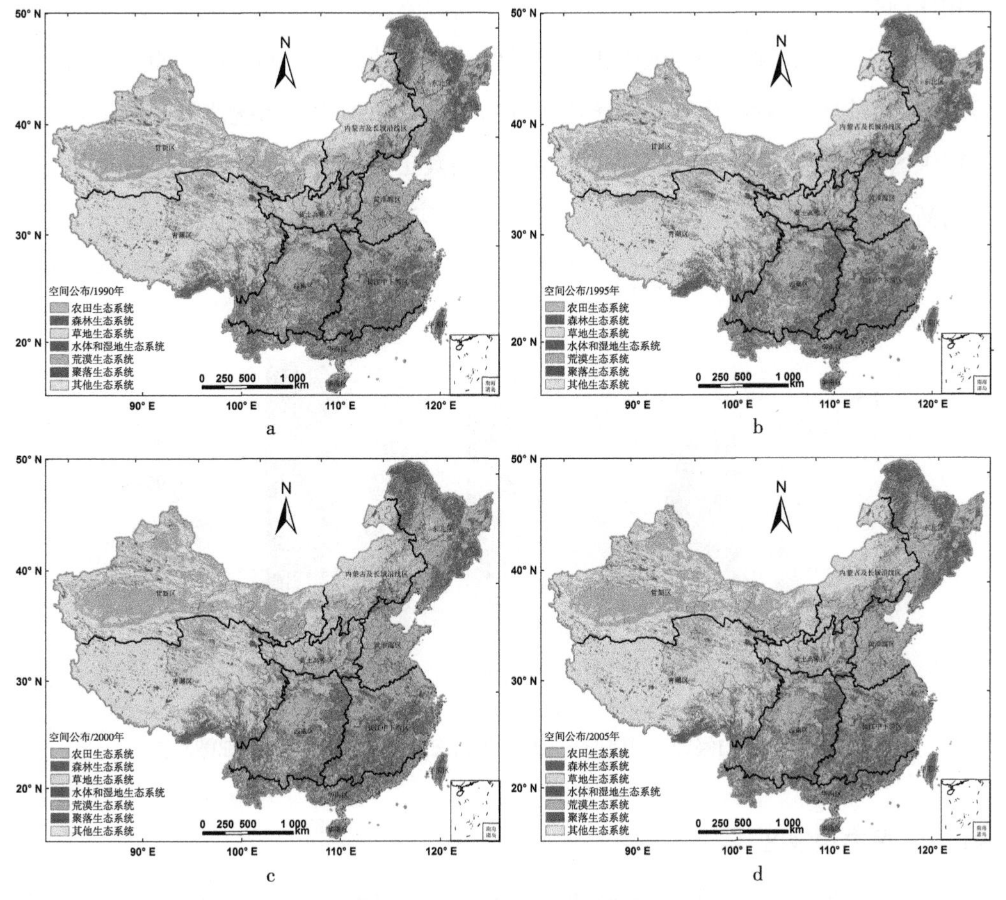


图6-1　中国生态系统空间分布

农田生态系统主要包括土地覆被遥感分类系统中的水田、旱地。森林生态系统主要包括土地覆被遥感分类系统中的密林地（有林地）、灌丛、疏林地、其他林地。草地生态系统主要包括土地覆被遥感分类系统中的高覆盖度草地、中覆盖度草地、低覆盖度草地。水体与湿地生态系统主要包括土地覆被遥感分类系统中的沼泽地、河渠、湖泊、水库、冰川与永久积雪、滩地。荒漠生态系统主要包括土地覆被遥感分类系统中的沙地、戈壁、盐碱地、高寒荒漠。

## 6.1.1 生态系统类型与土壤侵蚀敏感性的关系

不同的生态系统，其保土能力大小不一样。本书分别对中国风蚀区、水蚀区和冻融侵蚀区农田、森林、草地、荒漠生态系统内土壤侵蚀敏感性差异进行分析。

### 6.1.1.1 水力侵蚀区

水力侵蚀区主要的生态系统类型为农田、森林、草地生态系统。荒漠生态系统面积比例非常小，在此不作分析。从图 6-2 可以看出，农田生态系统土壤侵蚀敏感性最小，这是因为水力侵蚀区农田生态系统中存在着大面积的水田，而水田的土壤侵蚀敏感性较低。森林生态系统土壤侵蚀敏感性比草地生态系统略低，这是因为水力侵蚀区草地生态系统多为高覆盖类型，因而其土壤侵蚀敏感性仅仅比森林生态系统略高。

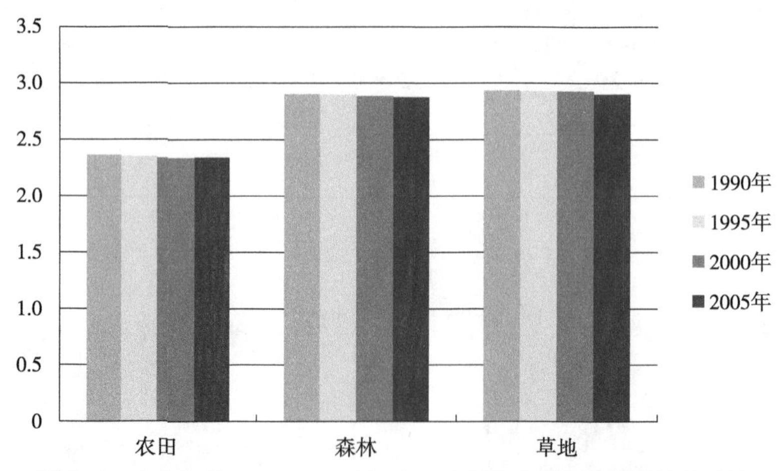


图 6-2 水力侵蚀区 1990—2005 年各主要生态类型土壤侵蚀敏感性

### 6.1.1.2 风力侵蚀区

风力侵蚀区主要的生态系统类型为农田、森林、草地、荒漠生态系统。从

图 6-3 可以看出，农田生态系统土壤侵蚀敏感性最小，森林生态系统土壤侵蚀敏感性比农田生态系统略高，草地生态系统土壤侵蚀敏感性较高，荒漠生态系统土壤侵蚀敏感性最高。

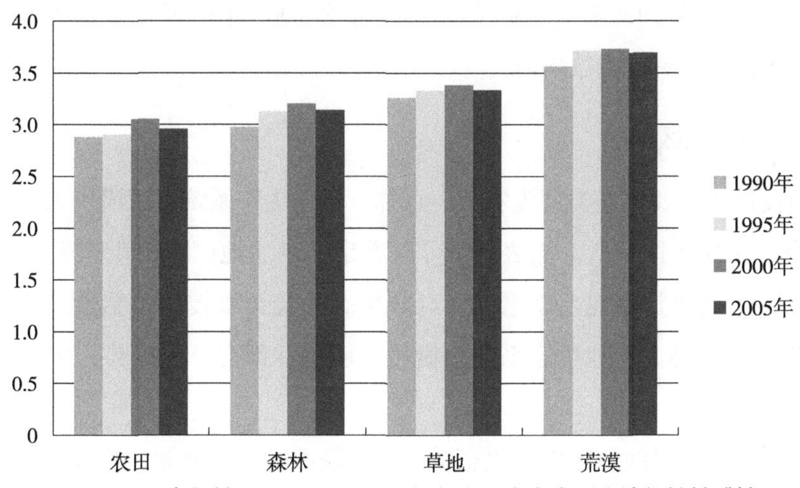


图 6-3 风力侵蚀区 1990—2005 年各主要生态类型土壤侵蚀敏感性

### 6.1.1.3 冻融侵蚀区

冻融侵蚀区也存在 4 种主要的生态系统类型，分别为农田、森林、草地、荒漠生态系统。从图 6-4 可以看出，农田生态系统土壤侵蚀敏感性最小，其次为森林生态系统，草地生态系统土壤侵蚀敏感性较高，荒漠生态系统土壤侵蚀敏感性最高。

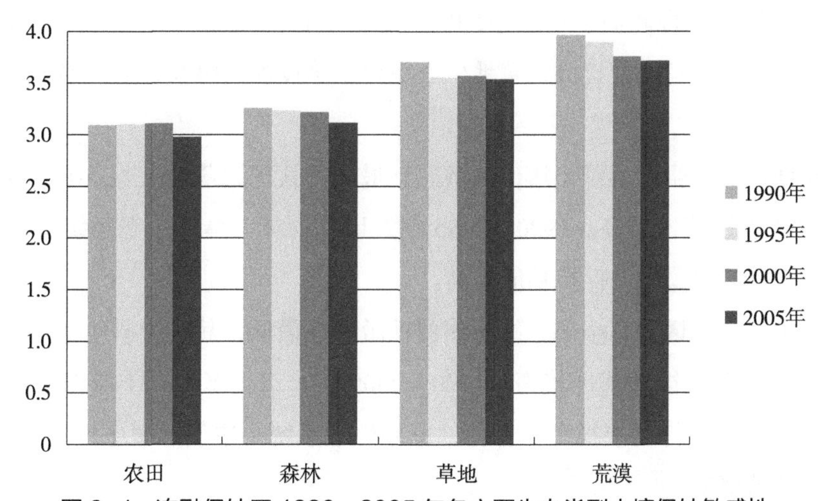


图 6-4 冻融侵蚀区 1990—2005 年各主要生态类型土壤侵蚀敏感性

### 6.1.2 生态系统类型与土壤侵蚀敏感性变化的关系

本书以 1990 年、1995 年、2000 年和 2005 年生态系统空间分布数据为依据，分别统计 1990 年、1995 年、2000 年和 2005 年风力和水力侵蚀区土壤侵蚀敏感性指数，所得结果为 1990 年、1995 年、2000 年和 2005 年中国九大分区各生态系统类型内土壤侵蚀敏感性指数均值。

#### 6.1.2.1 水力侵蚀区

水力侵蚀区主要生态类型为农田、森林、草地生态系统，荒漠生态系统面积比例非常小，在此不作分析。从表 6-1 可以看出，东北地区农田生态系统土壤侵蚀敏感性最低，其次是草地生态系统，森林生态系统土壤侵蚀敏感性最高。1990—2005 年农田、森林、草地生态系统土壤侵蚀敏感性都有下降趋势，水土保持功能提高。

内蒙古及长城沿线地区农田生态系统土壤侵蚀敏感性最低，其次为森林生态系统，草地生态系统土壤侵蚀敏感性较高。1990—2005 年农田、森林、草地生态系统土壤侵蚀敏感性都有下降趋势，水土保持功能提高。

华南地区农田生态系统土壤侵蚀敏感性最低，其次为森林生态系统，草地生态系统土壤侵蚀敏感性较高。1990—2005 年农田生态系统土壤侵蚀敏感性有下降趋势，水土保持功能提高；森林和草地生态系统土壤侵蚀敏感性有上升趋势，水土保持功能降低。

甘新地区农田生态系统土壤侵蚀敏感性最低，其次为森林生态系统，草地生态系统土壤侵蚀敏感性较高。1990—2005 年农田、森林生态系统土壤侵蚀敏感性有下降趋势，水土保持功能提高；草地生态系统土壤侵蚀敏感性有上升趋势，水土保持功能降低。

西南地区农田生态系统土壤侵蚀敏感性最低，其次为草地生态系统，森林生态系统土壤侵蚀敏感性较高。1990—2005 年农田、森林、草地生态系统土壤侵蚀敏感性都有下降趋势，水土保持功能提高。

长江中下游地区农田生态系统土壤侵蚀敏感性最低，其次为草地生态系统，森林生态系统土壤侵蚀敏感性较高。1990—2005 年农田生态系统土壤侵蚀敏感性有下降趋势，水土保持功能提高；森林、草地生态系统土壤侵蚀敏感性有上升趋势，水土保持功能降低。

表 6-1　1990—2005 年各分区主要生态系统土壤水力侵蚀敏感性及其变化

| 分区 | 生态系统类型 | 土壤侵蚀敏感性 | | | | 1990—2005 年土壤侵蚀敏感性均值 | 1990—2005 年土壤侵蚀敏感性变化率 |
|---|---|---|---|---|---|---|---|
| | | 1990 年 | 1995 年 | 2000 年 | 2005 年 | | |
| 东北地区 | 农田 | 2.16 | 2.18 | 2.11 | 2.15 | 2.15 | −0.002 3 |
| | 森林 | 2.58 | 2.58 | 2.54 | 2.55 | 2.56 | −0.003 0 |
| | 草地 | 2.31 | 2.34 | 2.29 | 2.10 | 2.26 | −0.013 7 |
| 内蒙古及长城沿线地区 | 农田 | 2.93 | 2.95 | 2.86 | 2.86 | 2.90 | −0.006 4 |
| | 森林 | 2.97 | 3.00 | 2.91 | 2.90 | 2.95 | −0.005 6 |
| | 草地 | 2.99 | 2.99 | 2.93 | 2.92 | 2.96 | −0.005 5 |
| 华南地区 | 农田 | 2.34 | 2.32 | 2.36 | 2.30 | 2.33 | −0.001 2 |
| | 森林 | 2.94 | 2.94 | 2.96 | 2.98 | 2.96 | 0.002 9 |
| | 草地 | 2.97 | 2.96 | 2.99 | 3.00 | 2.98 | 0.002 7 |
| 甘新地区 | 农田 | 1.86 | 1.97 | 1.87 | 1.87 | 1.89 | −0.001 1 |
| | 森林 | 2.63 | 2.61 | 2.57 | 2.56 | 2.59 | −0.004 7 |
| | 草地 | 2.89 | 2.90 | 2.93 | 2.90 | 2.91 | 0.001 2 |
| 西南地区 | 农田 | 2.79 | 2.77 | 2.79 | 2.75 | 2.77 | −0.002 2 |
| | 森林 | 3.07 | 3.06 | 3.07 | 3.06 | 3.06 | −0.000 3 |
| | 草地 | 3.06 | 3.04 | 3.05 | 3.05 | 3.05 | −0.000 4 |
| 长江中下游地区 | 农田 | 1.85 | 1.83 | 1.84 | 1.79 | 1.83 | −0.003 4 |
| | 森林 | 2.88 | 2.89 | 2.89 | 2.92 | 2.89 | 0.002 4 |
| | 草地 | 2.86 | 2.87 | 2.87 | 2.92 | 2.88 | 0.003 2 |
| 青藏高原地区 | 农田 | 2.95 | 2.91 | 2.94 | 2.91 | 2.93 | −0.002 0 |
| | 森林 | 2.90 | 2.89 | 2.89 | 2.90 | 2.90 | 0.000 5 |
| | 草地 | 2.79 | 2.75 | 2.78 | 2.79 | 2.78 | 0.000 5 |
| 黄土高原地区 | 农田 | 3.13 | 3.16 | 3.13 | 3.12 | 3.13 | −0.001 3 |
| | 森林 | 3.18 | 3.19 | 3.17 | 3.17 | 3.18 | −0.000 7 |
| | 草地 | 3.28 | 3.30 | 3.28 | 3.25 | 3.28 | −0.002 6 |
| 黄淮海地区 | 农田 | 2.10 | 2.12 | 2.07 | 2.11 | 2.10 | −0.000 7 |
| | 森林 | 3.07 | 3.00 | 3.01 | 3.04 | 3.03 | −0.001 2 |
| | 草地 | 3.00 | 3.03 | 2.98 | 3.03 | 3.01 | 0.000 5 |

青藏高原地区草地生态系统土壤侵蚀敏感性最低，其次为森林生态系统，农田生态系统土壤侵蚀敏感性较高。1990—2005 年农田生态系统土壤侵蚀敏感性有下

降趋势，水土保持功能提高；森林、草地生态系统土壤侵蚀敏感性有上升趋势，水土保持功能降低。

黄土高原地区农田生态系统土壤侵蚀敏感性最低，其次为森林生态系统，草地生态系统土壤侵蚀敏感性较高。1990—2005 年农田、森林、草地生态系统土壤侵蚀敏感性有下降趋势，水土保持功能提高。

黄淮海地区农田生态系统土壤侵蚀敏感性最低，其次为草地生态系统，森林生态系统土壤侵蚀敏感性较高。1990—2005 年农田、森林生态系统土壤侵蚀敏感性有下降趋势，水土保持功能提高；草地生态系统土壤侵蚀敏感性有上升趋势，水土保持功能降低。

总之，全国大部分水力侵蚀区表现为农田生态系统土壤侵蚀敏感性最低，其次为森林和草地生态系统。仅有青藏高原地区草地生态系统土壤侵蚀敏感性较低，农田生态系统土壤侵蚀敏感性较高。全国大部分地区表现为土壤侵蚀敏感性有下降趋势、生态系统水土保持功能提高，华南地区森林和草地生态系统、甘新地区草地生态系统、长江中下游地区森林和草地生态系统、青藏高原地区森林和草地生态系统、黄淮海地区草地生态系统表现为土壤侵蚀敏感性有上升趋势、水土保持功能降低。

#### 6.1.2.2 风力侵蚀区

从表 6-2 可以看出，东北地区农田生态系统土壤侵蚀敏感性最低，其次为草地生态系统，森林生态系统土壤侵蚀敏感性较高，荒漠生态系统土壤侵蚀敏感性最高。1990—2005 年农田、森林、草地、荒漠生态系统土壤侵蚀敏感性有上升趋势，土壤保护功能降低。

内蒙古及长城沿线地区森林生态系统土壤侵蚀敏感性最低，其次为农田生态系统，草地生态系统土壤侵蚀敏感性较高，荒漠生态系统土壤侵蚀敏感性最高。1990—2005 年除农田生态系统外，森林、草地、荒漠生态系统土壤侵蚀敏感性有上升趋势，土壤保护功能降低。

甘新地区农田生态系统土壤侵蚀敏感性最低，其次为森林生态系统，草地生态系统土壤侵蚀敏感性较高，荒漠生态系统土壤侵蚀敏感性最高。1990—2005 年农田、森林、草地、荒漠生态系统土壤侵蚀敏感性有上升趋势，土壤保护功能降低。

青藏高原地区农田生态系统土壤侵蚀敏感性最低，其次为森林生态系统，草地生态系统土壤侵蚀敏感性较高，荒漠生态系统土壤侵蚀敏感性最高。1990—2005 年农田、森林和草地生态系统土壤侵蚀敏感性有上升趋势，土壤保护功能降低；荒漠生态系统土壤侵蚀敏感性有下降趋势，土壤保护功能提高。

黄土高原地区农田生态系统土壤侵蚀敏感性最低，其次为森林和草地生态系统，荒漠生态系统土壤侵蚀敏感性最高。1990—2005 年草地、荒漠生态系统土壤侵蚀敏感性有上升趋势，土壤保护功能降低；农田和森林生态系统土壤侵蚀敏感性有下降趋势，土壤保护功能提高。

黄淮海地区农田、森林生态系统土壤侵蚀敏感性较低，草地和荒漠生态系统土壤侵蚀敏感性较高。1990—2005 年农田、森林生态系统土壤侵蚀敏感性有上升趋势，土壤保护功能降低；草地和荒漠生态系统土壤侵蚀敏感性有下降趋势，土壤保护功能提高。

表 6-2　1990—2005 年各分区主要生态系统土壤风力侵蚀敏感性及其变化

| 分区 | 生态系统类型 | 土壤侵蚀敏感性 | | | | 1990—2005 年土壤侵蚀敏感性均值 | 1990—2005 年土壤侵蚀敏感性变化率 |
|---|---|---|---|---|---|---|---|
| | | 1990 年 | 1995 年 | 2000 年 | 2005 年 | | |
| 东北地区 | 农田 | 2.74 | 2.72 | 2.89 | 2.77 | 2.78 | 0.005 3 |
| | 森林 | 2.84 | 2.89 | 3.15 | 2.94 | 2.95 | 0.011 2 |
| | 草地 | 2.83 | 2.87 | 3.04 | 2.84 | 2.89 | 0.003 9 |
| | 荒漠 | 3.10 | 3.07 | 3.34 | 3.19 | 3.18 | 0.010 9 |
| 内蒙古及长城沿线地区 | 农田 | 3.09 | 3.10 | 3.19 | 3.06 | 3.11 | −0.000 0 |
| | 森林 | 3.01 | 3.05 | 3.12 | 3.02 | 3.05 | 0.001 9 |
| | 草地 | 3.27 | 3.29 | 3.41 | 3.35 | 3.33 | 0.007 8 |
| | 荒漠 | 3.60 | 3.55 | 3.68 | 3.60 | 3.61 | 0.002 9 |
| 甘新地区 | 农田 | 2.86 | 2.95 | 3.03 | 3.00 | 2.96 | 0.009 9 |
| | 森林 | 3.02 | 3.27 | 3.31 | 3.26 | 3.22 | 0.015 0 |
| | 草地 | 3.29 | 3.43 | 3.47 | 3.43 | 3.40 | 0.008 8 |
| | 荒漠 | 3.55 | 3.74 | 3.78 | 3.75 | 3.70 | 0.012 7 |
| 青藏高原地区 | 农田 | 2.78 | 2.97 | 2.94 | 2.94 | 2.91 | 0.009 4 |
| | 森林 | 2.93 | 3.01 | 3.02 | 2.99 | 2.99 | 0.003 9 |
| | 草地 | 3.13 | 3.13 | 3.11 | 3.13 | 3.12 | 0.000 1 |
| | 荒漠 | 3.58 | 3.60 | 3.55 | 3.53 | 3.56 | −0.003 7 |

续表

| 分区 | 生态系统类型 | 土壤侵蚀敏感性 | | | | 1990—2005 年土壤侵蚀敏感性均值 | 1990—2005 年土壤侵蚀敏感性变化率 |
|---|---|---|---|---|---|---|---|
| | | 1990 年 | 1995 年 | 2000 年 | 2005 年 | | |
| 黄土高原地区 | 农田 | 3.12 | 3.17 | 3.24 | 3.09 | 3.15 | −0.000 3 |
| | 森林 | 3.34 | 3.44 | 3.49 | 3.30 | 3.39 | −0.000 9 |
| | 草地 | 3.33 | 3.36 | 3.46 | 3.37 | 3.38 | 0.004 0 |
| | 荒漠 | 3.48 | 3.56 | 3.62 | 3.55 | 3.55 | 0.005 1 |
| 黄淮海地区 | 农田 | 2.68 | 2.75 | 2.92 | 2.81 | 2.79 | 0.011 1 |
| | 森林 | 2.74 | 2.72 | 2.96 | 2.72 | 2.79 | 0.003 6 |
| | 草地 | 2.82 | 3.02 | 3.04 | 2.75 | 2.91 | −0.003 7 |
| | 荒漠 | 2.93 | 3.11 | 3.17 | 2.90 | 3.03 | −0.000 7 |

总之，全国大部分风力侵蚀区表现为农田生态系统土壤侵蚀敏感性最低，森林和草地生态系统土壤侵蚀敏感性较高，荒漠生态系统土壤侵蚀敏感性最高。全国大部分地区表现为土壤侵蚀敏感性有上升趋势、生态系统土壤保护功能降低，仅有甘新地区、内蒙古及长城沿线地区农田生态系统、青藏高原地区荒漠生态系统、黄土高原地区农田和森林生态系统、黄淮海地区草地和荒漠生态系统表现为土壤侵蚀敏感性有下降趋势，生态系统土壤保护功能提高。

### 6.1.3 典型生态系统类型变化与土壤侵蚀敏感性变化的关系

人类活动常常导致生态系统类型发生变化，从而导致土壤侵蚀敏感性发生变化。本书选取水力侵蚀区和风力侵蚀区典型的生态系统类型变化，分析其土壤侵蚀敏感性变化趋势。

#### 6.1.3.1 水力侵蚀区

水力侵蚀区主要生态系统类型的变化有水体与湿地转成草地生态系统、草地转成水体与湿地生态系统、水体与湿地转成农田生态系统、农田转成水体与湿地生态系统、森林转变为农田生态系统、农田转变为森林生态系统六大类。1990—2005 年各生态系统类型变化中土壤侵蚀敏感性变化如图 6-5～图 6-7 所示。

在水体与湿地转成草地生态系统过程中，土壤侵蚀敏感性普遍增加，该过程不利于水土保持，其中 1995—2000 年增加幅度最大，2000—2005 年增加幅度最小。在草地转成水体与湿地生态系统过程中，土壤侵蚀敏感性普遍减少，该过程有利于水土保持，其中1990—1995年减少幅度最大，2000—2005年减少幅度最小（图6-5）。

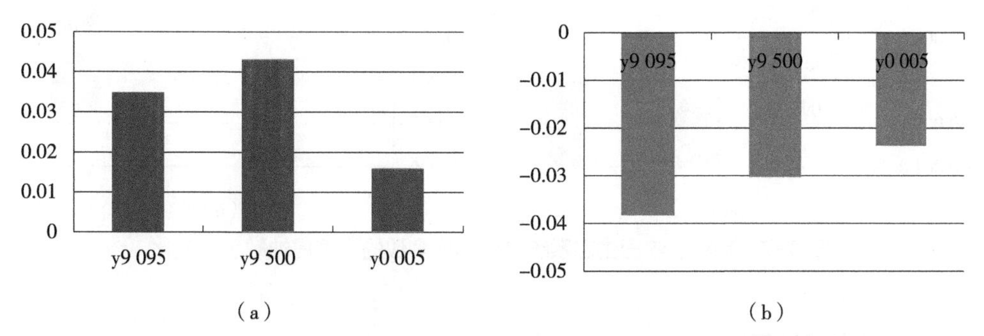


（a）　　（b）

**图6-5　水体与湿地、草地生态系统之间转换导致的土壤侵蚀敏感性变化**

在水体与湿地转成农田生态系统过程中，土壤侵蚀敏感性总体上增加，该过程不利于水土保持，其中1995—2000年土壤侵蚀敏感性增加幅度最小，2000—2005年增加幅度最大。在农田转成水体与湿地生态系统过程中，土壤侵蚀敏感性普遍减少，该过程有利于水土保持，其中1995—2000年减少幅度最小，2000—2005年减少幅度最大（图6-6）。

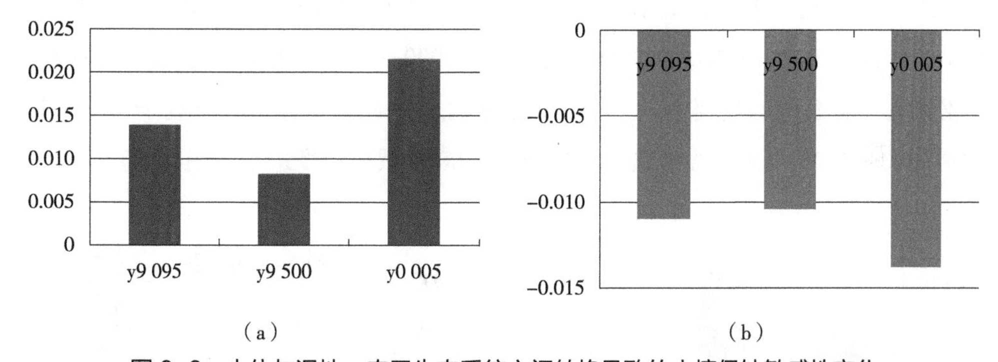


（a）　　（b）

**图6-6　水体与湿地、农田生态系统之间转换导致的土壤侵蚀敏感性变化**

在森林转成农田生态系统的过程中，土壤侵蚀敏感性总体上减少。在农田转成森林生态系统的过程中，土壤侵蚀敏感性普遍减少，该过程有利于水土保持，其中2000—2005年减少幅度最大，1990—1995年减少幅度最小（图6-7）。

总之，在水力侵蚀区，水体与湿地转成草地生态系统、水体与湿地转成农田生态系统过程中，土壤水力侵蚀敏感性总体上增加，不利于水土保持。在草地转成水体与湿地生态系统、农田转成水体与湿地生态系统以及农田转成森林生态系统的过程中，土壤水力侵蚀敏感性普遍减少，有利于水土保持。

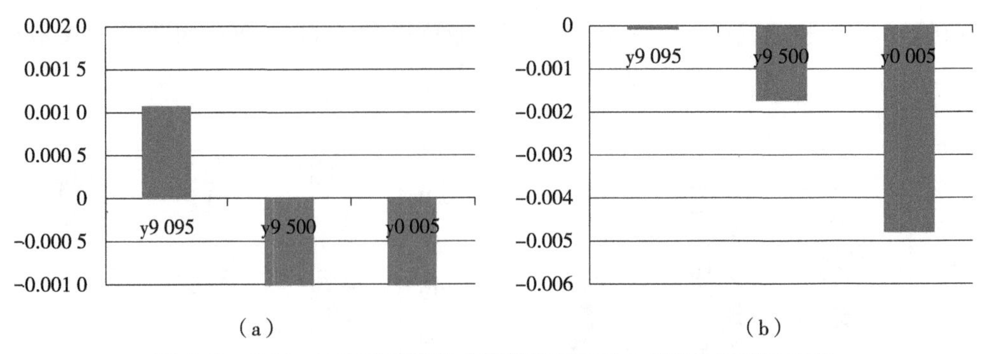


图 6-7　森林、农田生态系统之间转换导致的土壤侵蚀敏感性变化

#### 6.1.3.2　风力侵蚀区

风力侵蚀区主要生态系统类型的变化有草地转成荒漠生态系统、荒漠转成草地生态系统、水体与湿地转成草地生态系统、草地转成水体与湿地生态系统、水体与湿地转成荒漠生态系统、荒漠转成水体与湿地生态系统、农田转成荒漠生态系统、荒漠转成农田生态系统八大类。1990—2005 年各生态系统类型变化中土壤侵蚀敏感性变化如图 6-8～图 6-11 所示。

在草地转成荒漠生态系统过程中，土壤侵蚀敏感性普遍增加，该过程不利于土壤保护，其中 1995—2000 年增加幅度最大，2000—2005 年增加幅度最小。在荒漠转成草地生态系统的过程中，土壤侵蚀敏感性普遍减少，该过程有利于土壤保护，其中 2000—2005 年减少幅度最大，1995—2000 年减少幅度最小（图 6-8）。

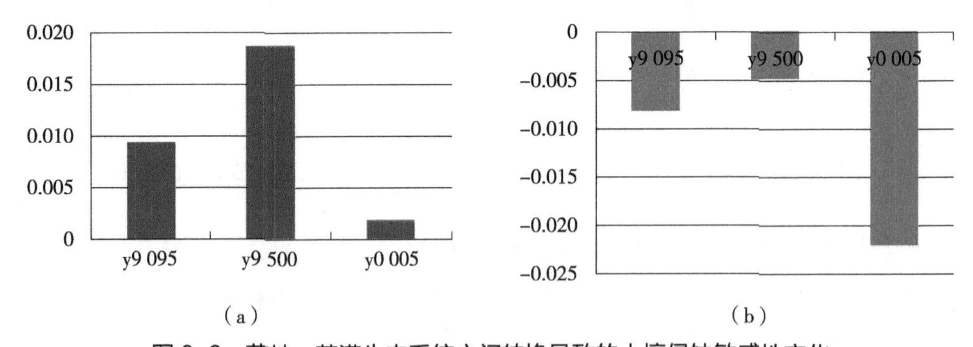


图 6-8　草地、荒漠生态系统之间转换导致的土壤侵蚀敏感性变化

在水体与湿地转成草地生态系统过程中，土壤侵蚀敏感性普遍增加，该过程不利于土壤保护，其中 1995—2000 年增加幅度最大，1990—1995 年增加幅度最小。在草地转成水体与湿地生态系统过程中，土壤侵蚀敏感性普遍减少，该过程有利于土壤保护，其中 2000—2005 年减少幅度最大，1990—1995 年减少幅度最小（图 6-9）。

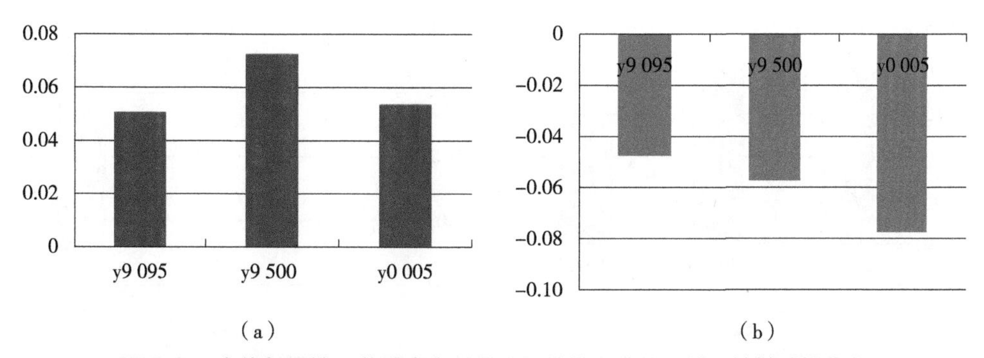


图 6-9 水体与湿地、草地生态系统之间转换导致的土壤侵蚀敏感性变化

在水体与湿地转成荒漠生态系统的过程中，土壤侵蚀敏感性普遍增加，该过程不利于土壤保护，其中 2000—2005 年增加幅度最大，1990—1995 年增加幅度最小。在荒漠转成水体与湿地生态系统的过程中，土壤侵蚀敏感性普遍减少，该过程有利于土壤保护，其中 2000—2005 年减少幅度最大，1990—1995 年减少幅度最小（图 6-10）。

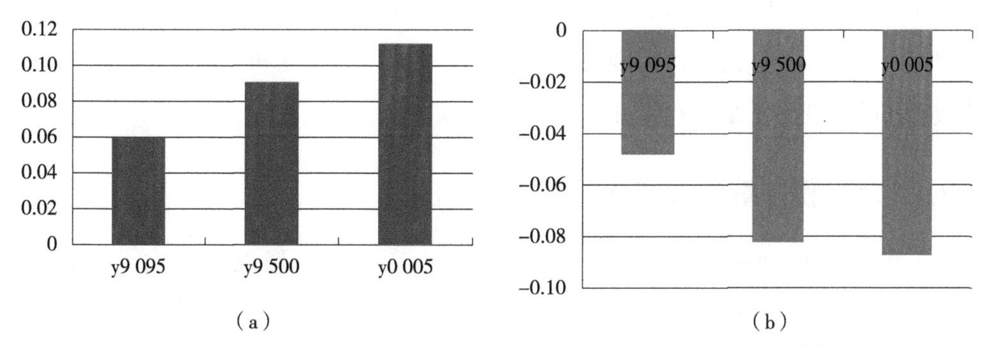


图 6-10 水体与湿地、荒漠生态系统之间转换导致的土壤侵蚀敏感性变化

在农田转成荒漠生态系统的过程中，土壤侵蚀敏感性普遍增加，该过程不利于土壤保护，其中 1990—1995 年增加幅度最大，2000—2005 年增加幅度最小。在荒漠转成农田生态系统的过程中，土壤侵蚀敏感性普遍减少，该过程有利于土壤保护，其中 2000—2005 年减少幅度最大，1990—1995 年减少幅度最小（图 6-11）。

总之，在风力侵蚀区，草地转成荒漠生态系统、水体与湿地转成草地生态系统、水体与湿地转变成荒漠生态系统、农田转变成荒漠生态系统的过程中，土壤风力侵蚀敏感性普遍增加，不利于土壤保护。在荒漠转成草地生态系统、草地转变成水体与湿地生态系统、荒漠转变成水体与湿地生态系统、荒漠转变成农田生态系统的过程中，土壤风力侵蚀敏感性普遍减少，有利于土壤保护。

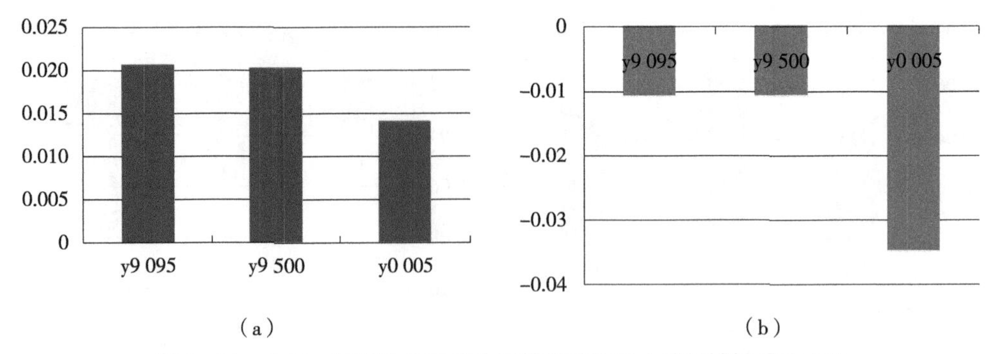


（a）　　　　（b）

图 6-11　农田、荒漠生态系统之间转换导致的土壤侵蚀敏感性变化

# 6.2　土壤侵蚀敏感性变化的驱动力分析

土壤水力侵蚀、风力侵蚀和冻融侵蚀敏感性是土壤可蚀性、降雨侵蚀力、土壤湿度、风场强度、降水量、大于 0℃天数、土壤质地、植被覆盖度和地形起伏度 9 个因子决定的。1990—2005 年，水力侵蚀敏感性的可变因子是降雨侵蚀力和植被覆盖度；风力侵蚀敏感性的可变因子是土壤湿度、风场强度和植被覆盖度；冻融侵蚀敏感性的可变因子是降水量和大于 0℃天数。

## 6.2.1　水力侵蚀敏感性变化的驱动力分析

土壤水力侵蚀敏感性驱动因子有植被覆盖状况和降雨侵蚀力，表 6-4 为 1990—1995 年、1995—2000 年以及 2000—2005 年各省、自治区、直辖市土壤水力侵蚀敏感性、降雨侵蚀力敏感度、植被覆盖状况敏感度变化幅度。

相关分析结果显示，1990—1995 年，降雨侵蚀力变化与土壤水力侵蚀敏感性变化相关系数达到 0.924，为极显著相关关系，植被覆盖状况变化与土壤水力侵蚀敏感性变化没有显著相关关系。1995—2000 年，降雨侵蚀力变化与土壤水力侵蚀敏感性变化相关系数达到 0.959，为极显著相关关系，植被覆盖状况变化与土壤水力侵蚀敏感性变化没有显著相关关系。2000—2005 年，降雨侵蚀力变化与土壤水力侵蚀敏感性变化相关系数达到 0.826，为极显著相关关系，植被覆盖状况变化与土壤水力侵蚀敏感性变化没有显著相关关系。

表 6-3　土壤水力侵蚀敏感性变化和驱动因子

| 省、自治区、直辖市 | 土壤水力侵蚀敏感性变化 | | | 降雨侵蚀力变化 | | | 植被覆盖状况变化 | | |
|---|---|---|---|---|---|---|---|---|---|
| | y9 095 | y9 500 | y0 005 | y9 095 | y9 500 | y0 005 | y9 095 | y9 500 | y0 005 |
| 上海市 | −0.02 | 0.03 | −0.05 | −0.20 | 0.44 | −0.59 | 0.00 | −0.01 | 0.00 |
| 云南省 | 0.00 | 0.02 | −0.03 | 0.03 | 0.11 | −0.21 | −0.02 | 0.01 | 0.00 |
| 内蒙古自治区 | 0.00 | −0.08 | 0.01 | −0.02 | −0.42 | 0.12 | −0.03 | 0.05 | −0.09 |
| 北京市 | 0.03 | −0.15 | 0.02 | 0.38 | −0.94 | 0.18 | −0.08 | 0.03 | −0.03 |
| 台湾地区 | −0.03 | 0.12 | 0.02 | −0.23 | 0.88 | 0.19 | 0.00 | 0.00 | 0.00 |
| 吉林省 | 0.01 | −0.05 | 0.00 | 0.11 | −0.32 | 0.00 | 0.00 | 0.00 | 0.01 |
| 四川省 | −0.04 | 0.05 | −0.03 | −0.20 | 0.23 | −0.18 | −0.01 | 0.02 | 0.00 |
| 天津市 | 0.04 | −0.09 | 0.04 | 0.39 | −0.75 | 0.24 | 0.03 | −0.04 | 0.04 |
| 宁夏回族自治区 | 0.06 | −0.06 | −0.16 | 0.29 | −0.32 | −0.39 | −0.11 | 0.14 | −0.07 |
| 安徽省 | −0.02 | −0.01 | 0.00 | −0.22 | −0.08 | 0.02 | 0.00 | 0.00 | 0.00 |
| 山东省 | 0.02 | −0.03 | 0.02 | 0.12 | −0.21 | 0.18 | 0.00 | −0.02 | 0.00 |
| 山西省 | 0.05 | −0.08 | 0.00 | 0.26 | −0.35 | 0.03 | 0.01 | −0.02 | −0.02 |
| 广东省 | 0.02 | 0.00 | 0.00 | 0.22 | −0.02 | −0.01 | −0.03 | 0.03 | −0.01 |
| 广西壮族自治区 | 0.04 | −0.01 | −0.01 | 0.33 | −0.14 | −0.06 | −0.03 | 0.02 | 0.00 |
| 新疆维吾尔自治区 | 0.03 | 0.03 | −0.04 | 0.15 | 0.03 | −0.14 | −0.12 | 0.06 | −0.04 |
| 江苏省 | −0.04 | 0.00 | 0.00 | −0.40 | 0.07 | 0.03 | −0.01 | 0.00 | 0.00 |
| 江西省 | 0.03 | −0.01 | −0.01 | 0.24 | −0.07 | −0.04 | −0.01 | 0.00 | −0.01 |
| 河北省 | 0.04 | −0.09 | 0.01 | 0.33 | −0.62 | 0.10 | −0.02 | 0.01 | −0.01 |
| 河南省 | 0.00 | −0.05 | 0.01 | 0.08 | −0.03 | 0.07 | −0.07 | 0.05 | 0.00 |
| 浙江省 | 0.00 | 0.00 | −0.03 | 0.02 | −0.02 | −0.21 | 0.00 | 0.00 | −0.01 |
| 海南省 | 0.01 | 0.01 | −0.04 | 0.10 | 0.09 | −0.33 | −0.01 | 0.00 | 0.00 |
| 湖北省 | −0.01 | −0.01 | 0.01 | −0.08 | −0.11 | 0.06 | −0.01 | 0.01 | 0.00 |
| 湖南省 | 0.02 | −0.01 | −0.01 | 0.16 | −0.09 | −0.05 | −0.01 | 0.00 | −0.01 |
| 甘肃省 | −0.02 | 0.03 | −0.03 | −0.06 | 0.12 | −0.02 | −0.08 | −0.04 | −0.03 |
| 福建省 | 0.00 | 0.01 | 0.01 | 0.04 | 0.04 | 0.11 | 0.00 | 0.00 | −0.01 |
| 西藏自治区 | −0.04 | 0.03 | −0.01 | −0.10 | 0.10 | −0.08 | −0.09 | 0.02 | 0.04 |
| 贵州省 | 0.02 | 0.00 | −0.03 | 0.13 | 0.01 | −0.18 | −0.01 | 0.01 | −0.01 |
| 辽宁省 | 0.07 | −0.11 | 0.05 | 0.41 | −0.69 | 0.30 | 0.02 | 0.00 | 0.00 |
| 重庆市 | −0.01 | 0.00 | −0.01 | −0.08 | 0.03 | −0.06 | 0.01 | 0.00 | −0.01 |
| 陕西省 | 0.00 | −0.01 | 0.00 | −0.04 | −0.01 | 0.09 | 0.01 | −0.01 | −0.04 |
| 青海省 | −0.01 | 0.00 | 0.01 | 0.00 | −0.07 | 0.10 | −0.05 | 0.10 | −0.07 |
| 黑龙江省 | 0.00 | −0.06 | 0.01 | 0.03 | −0.40 | 0.10 | 0.00 | 0.00 | 0.01 |

综上所述，水力侵蚀区降雨侵蚀力变化与土壤水力侵蚀敏感性变化表现为极显著相关关系，是主要驱动因子，植被覆盖状况变化与土壤水力侵蚀敏感性变化没有显著相关关系。

### 6.2.2 风力侵蚀敏感性变化驱动力分析

土壤风力侵蚀敏感性驱动因子有植被覆盖状况、土壤湿度和风场强度，表 6-4 是 1990—1995 年、1995—2000 年以及 2000—2005 年各省、自治区、直辖市土壤风力侵蚀敏感性，以及植被覆盖状况、土壤湿度、风场强度的变化幅度。

相关分析结果显示 1990—1995 年，土壤风力侵蚀敏感性变化与土壤湿度表现为显著相关关系，与风场强度表现为极显著相关关系。1995—2000 年，土壤风力侵蚀敏感性变化与植被覆盖状况、土壤湿度表现为极显著相关关系。2000—2005 年，土壤风力侵蚀敏感性变化与土壤湿度表现为极显著相关关系。1990—2005 年，土壤风力侵蚀敏感性变化与植被覆盖状况表现为显著相关关系，与土壤湿度和风场强度表现为极显著相关关系。

表 6-4　土壤风力侵蚀敏感性变化和驱动因子

| 省、自治区、直辖市 | 土壤风力侵蚀敏感性变化 | | | 植被覆盖状况变化 | | | 土壤湿度变化 | | | 风场强度变化 | | |
|---|---|---|---|---|---|---|---|---|---|---|---|---|
| | y9 095 | y9 500 | y0 005 | y9 095 | y9 500 | y0 005 | y9 095 | y9 500 | y0 005 | y9 095 | y9 500 | y0 005 |
| 内蒙古自治区 | 0.02 | 0.08 | -0.05 | -0.01 | 0.16 | 0.05 | 0.02 | 0.45 | 0.07 | 0.01 | -0.08 | -0.42 |
| 吉林省 | 0.02 | 0.23 | -0.20 | -0.13 | 0.11 | 0.00 | 0.19 | 1.22 | -0.88 | 0.02 | 0.01 | -0.35 |
| 四川省 | 0.04 | -0.04 | 0.05 | -0.01 | -0.01 | -0.03 | 0.09 | -0.25 | 0.76 | 0.23 | -0.09 | -0.28 |
| 宁夏回族自治区 | 0.02 | 0.08 | -0.09 | -0.21 | 0.18 | 0.00 | 0.19 | 0.49 | -0.17 | 0.16 | -0.10 | -0.38 |
| 山东省 | 0.05 | 0.09 | -0.15 | 0.03 | -0.06 | -0.04 | 0.46 | 0.63 | -0.67 | -0.25 | 0.02 | -0.18 |
| 新疆维吾尔自治区 | 0.23 | 0.04 | -0.04 | -0.05 | -0.01 | 0.00 | -0.04 | 0.24 | 0.08 | 0.76 | -0.02 | -0.28 |
| 河北省 | -0.11 | 0.15 | -0.12 | -0.43 | 0.44 | -0.04 | 0.03 | 0.62 | -0.35 | -0.21 | -0.20 | -0.40 |
| 河南省 | 0.09 | 0.03 | -0.14 | 0.00 | -0.02 | -0.14 | 0.42 | 0.29 | -0.56 | 0.03 | 0.00 | -0.07 |
| 海南省 | -0.20 | -0.36 | -0.03 | 0.16 | -0.25 | -0.09 | -0.36 | -1.90 | -0.03 | -1.09 | -0.14 | -0.10 |
| 甘肃省 | 0.09 | -0.01 | -0.07 | -0.04 | 0.01 | -0.16 | -0.03 | 0.03 | 0.21 | 0.52 | 0.01 | -0.34 |
| 福建省 | -0.14 | -0.22 | -0.14 | -0.07 | -0.01 | -0.07 | -0.74 | -1.76 | -0.34 | -0.63 | -0.08 | -0.51 |
| 西藏自治区 | 0.02 | -0.10 | 0.07 | 0.11 | -0.19 | 0.06 | 0.14 | -0.52 | 0.67 | -0.18 | 0.09 | -0.30 |

续表

| 省、自治区、直辖市 | 土壤风力侵蚀敏感性变化 | | | 植被覆盖状况变化 | | | 土壤湿度变化 | | | 风场强度变化 | | |
|---|---|---|---|---|---|---|---|---|---|---|---|---|
| | y9 095 | y9 500 | y0 005 | y9 095 | y9 500 | y0 005 | y9 095 | y9 500 | y0 005 | y9 095 | y9 500 | y0 005 |
| 辽宁省 | 0.03 | 0.11 | −0.22 | 0.02 | −0.04 | 0.04 | 0.11 | 0.90 | −0.97 | 0.00 | −0.15 | −0.46 |
| 陕西省 | 0.03 | 0.02 | −0.13 | −0.22 | 0.04 | −0.12 | 0.24 | 0.06 | −0.32 | 0.09 | 0.05 | −0.28 |
| 青海省 | 0.02 | 0.00 | −0.06 | −0.08 | 0.09 | −0.01 | 0.03 | −0.05 | 0.09 | 0.20 | −0.06 | −0.52 |
| 黑龙江省 | 0.04 | 0.15 | −0.11 | −0.04 | 0.05 | 0.02 | 0.19 | 0.96 | −0.37 | 0.07 | −0.04 | −0.39 |

综上所述，风力侵蚀区土壤湿度、风场强度与土壤风力侵蚀敏感性变化表现为极显著相关关系，是第一、第二位的主要驱动因子，植被覆盖状况与土壤风力侵蚀敏感性变化表现为显著相关关系，是第三位的重要驱动因子。

### 6.2.3　冻融侵蚀敏感性变化驱动力分析

土壤冻融侵蚀敏感性驱动因子有植被覆盖状况、大于0℃天数和年降水量，表6-5是1990—1995年、1995—2000年以及2000—2005年各省、自治区、直辖市土壤冻融侵蚀敏感性，以及植被覆盖状况、大于0℃天数、年降水量的变化幅度。

**表6-5　土壤冻融侵蚀敏感性变化和驱动因子**

| 省、自治区、直辖市 | 土壤冻融侵蚀敏感性变化 | | | 植被覆盖状况变化 | | | 大于0℃天数变化 | | | 年降水量变化 | | |
|---|---|---|---|---|---|---|---|---|---|---|---|---|
| | y9 095 | y9 500 | y0 005 | y9 095 | y9 500 | y0 005 | y9 095 | y9 500 | y0 005 | y9 095 | y9 500 | y0 005 |
| 云南省 | −0.16 | 0.26 | −0.21 | −0.27 | 0.44 | −0.08 | −0.09 | 0.34 | −0.82 | −0.19 | 0.08 | −0.15 |
| 内蒙古自治区 | 0.00 | −0.01 | −0.07 | 0.00 | 0.00 | −0.10 | 0.31 | 0.11 | −0.24 | −0.20 | −0.13 | 0.01 |
| 四川省 | −0.02 | 0.09 | −0.08 | −0.04 | 0.17 | 0.00 | 0.08 | −0.02 | −0.36 | −0.19 | 0.04 | −0.09 |
| 新疆维吾尔自治区 | −0.04 | −0.02 | −0.04 | −0.05 | 0.08 | −0.04 | 0.25 | −0.34 | −0.03 | −0.18 | −0.04 | −0.10 |
| 甘肃省 | −0.02 | −0.30 | −0.08 | −0.17 | −0.52 | −0.03 | 0.29 | −0.79 | −0.21 | −0.07 | −0.50 | −0.13 |
| 西藏自治区 | −0.11 | 0.05 | −0.04 | −0.16 | 0.02 | 0.05 | −0.10 | −0.06 | −0.11 | −0.18 | 0.16 | −0.14 |
| 青海省 | −0.07 | 0.01 | −0.04 | −0.08 | 0.08 | −0.07 | −0.13 | −0.03 | −0.22 | −0.14 | −0.03 | 0.01 |
| 黑龙江省 | −0.01 | 0.00 | −0.04 | 0.00 | 0.00 | −0.02 | 0.30 | 0.06 | −0.16 | −0.23 | −0.07 | −0.03 |

相关分析结果显示 1990—1995 年，土壤冻融侵蚀敏感性变化与植被覆盖状况、大于 0℃天数表现为显著相关关系。1995—2000 年，土壤冻融侵蚀敏感性变化与植被覆盖状况、大于 0℃天数以及年降水量都表现为极显著相关关系。2000—2005 年，土壤冻融侵蚀敏感性变化与大于 0℃天数表现为极显著相关关系。1990—2005，土壤冻融侵蚀敏感性变化与植被覆盖状况表现为显著相关关系，与大于 0℃天数表现为极显著相关关系。

综上所述，冻融侵蚀区大于 0℃天数与土壤冻融侵蚀敏感性变化表现为极显著相关关系，是第一位的主要驱动因子；植被覆盖状况与土壤冻融侵蚀敏感性变化表现为显著相关关系，是第二位的重要驱动因子。

## 6.3 本章小结

（1）中国的水力侵蚀区总体表现为农田生态系统土壤侵蚀敏感性最低，其次为森林生态系统，草地生态系统土壤侵蚀敏感性较高。自 20 世纪 90 年代初以来，我国大部分水力侵蚀区表现为土壤侵蚀敏感性下降的趋势，生态系统水土保持功能提高。仅有华南地区森林和草地生态系统、甘新地区草地生态系统、长江中下游地区森林和草地生态系统、青藏高原地区森林和草地生态系统、黄淮海地区草地生态系统表现为土壤侵蚀敏感性有上升趋势、水土保持功能降低。在生态系统类型转换的过程中，水体与湿地转成草地生态系统、水体与湿地转成农田生态系统，土壤水力侵蚀敏感性总体上增加，不利于水土保持。草地转成水体与湿地生态系统、农田转成水体与湿地生态系统以及农田转成森林生态系统，土壤水力侵蚀敏感性普遍减少，有利于水土保持。

（2）中国的风力侵蚀区总体表现为农田生态系统土壤侵蚀敏感性最低，其次为森林生态系统，草地生态系统土壤侵蚀敏感性较高，荒漠生态系统土壤侵蚀敏感性最高。自 20 世纪 90 年代初以来，我国大部分风力侵蚀区表现为土壤侵蚀敏感性上升的趋势，生态系统土壤保护功能降低。在典型生态系统转换，即草地转成荒漠生态系统、水体与湿地转成草地生态系统、水体与湿地转成荒漠生态系统、农田转成荒漠生态系统的过程中，土壤风力侵蚀敏感性普遍增加，不利于土壤保护。荒漠转成草地生态系统、草地转成水体与湿地生态系统、荒漠转成水体与湿地生态系统、荒漠转成农田生态系统，土壤风力侵蚀敏感性普遍减少，有利于土壤保护。

（3）冻融侵蚀区农田生态系统土壤侵蚀敏感性最小，其次为森林生态系统，草地生态系统土壤侵蚀敏感性较高，荒漠生态系统土壤侵蚀敏感性最高。

（4）水力侵蚀区降雨侵蚀力变化与土壤水力侵蚀敏感性变化之间表现为极显著相关关系，降雨侵蚀力变化是土壤水力侵蚀敏感性变化的主要驱动因子；风力侵蚀区土壤湿度、风场强度与土壤风力侵蚀敏感性变化表现为极显著相关关系，是土壤风力侵蚀敏感性变化的第一、第二位的主要驱动因子，而植被覆盖状况与土壤风力侵蚀敏感性变化表现为显著相关关系，是第三位的重要驱动因子；冻融侵蚀区日平均气温大于 0℃的天数与土壤冻融侵蚀敏感性变化表现为极显著相关关系，是第一位的主要驱动因子，植被覆盖状况与土壤冻融侵蚀敏感性变化表现为显著相关关系，是第二位的重要驱动因子。

# 第七章

# 典型区土壤侵蚀研究

## 7.1 内蒙古兴安盟地区土壤侵蚀空间变化

土壤侵蚀是指地球陆地表面的土壤、成土母质及岩石碎屑，在水力、风力、重力和冻融等外力作用下，发生各种形式的侵蚀破坏、分散、搬运和再堆积（沉积）的过程（哈德逊，1975；美国土壤保持协会，1981；关君蔚，1996；唐克丽，2004），它是地球表面普遍发生的自然现象。全球除永冻地区外，均发生过不同程度的土壤侵蚀。土壤的形成速度很慢，每 12～40 年形成 1 mm 厚的土层（Hudson，1971）。耕作土壤至少需要 200 mm 厚土层，需要 2 400-8 000 年才能形成。所以从人类历史的角度来看，土地资源一旦损失将永远失去（刘宝元等，2001）。我国是世界上土壤侵蚀最严重的国家之一。

内蒙古兴安盟处于农、牧、林交错地区，土层较薄，减少土壤侵蚀是实现区域生态安全的重要先决条件之一。该区地处偏僻、自然环境艰苦，前人对该区土壤侵蚀研究较少。仅有的相关文献显示，该区中、东部及科尔沁右翼中旗南部地区沟壑密度大，侵蚀模数在 2500t/（$km^2$·a）以上。由于地形起伏破碎，农牧业开发较早，忽视了水土保持工作，广种薄收、超载放牧现象严重，因此生态系统处于恶性循环状态（吴靖尧，2002）。定量评估该地区年土壤侵蚀量及空间分布，对于当地水土保持部门因地制宜地采取措施保持土壤肥力、减少土地退化具有重要意义。目前，国内学者对水土流失的研究主要基于 1978 年美国颁布的土壤流失方程（Universal Soil Loss Equation，ULSE）（Wischmeier 等，1965、1978）以及 1997 年通过的修订版土壤流失方程（Revised universal Soil Loss Equation，RULSE）（Renard 等，1997）。

RUSLE 模型因具有结构简单、参数易于获取、使用方便、易于推广，同时考虑了影响土壤侵蚀的主要因素等特点，成为目前全球土壤侵蚀研究中运用最为广泛的土壤侵蚀模型（刘宝元等，2010）。本书以内蒙古兴安盟地区为研究对象，在 GIS 技术的支持下，基于 RULSE 模型，收集了气象、地形、植被、土壤等方面的数据，对该地区 1990—2005 年土壤侵蚀状况进行了评估，得到了该地区年土壤侵蚀量及侵蚀模数，分析了土壤侵蚀随海拔高度和土地利用类型变化的分布特征，并进一步探讨了该地区土壤侵蚀模数变化的驱动因子。

### 7.1.1 研究区概况

兴安盟位于内蒙古自治区东部、大兴安岭中段地区，地理上在东经119°28′～123°38′、北纬44°14′～47°39′，总面积 $5.98 \times 10^4$ $km^2$，下辖科尔沁右翼前旗、扎赉特旗、科尔沁右翼中旗、突泉县、乌兰浩特市和阿尔山市。东北部与黑龙江省相连，东南与吉林省毗邻，南部、西部、北部分别与通辽市、锡林郭勒盟和呼伦贝尔市相连，西北部与蒙古国接壤。该区海拔高度自西北向东南递减，区内山地占60%，丘陵和平原分别占20%，属于大兴安岭向松嫩平原过渡带，也处于北方农牧交错地带，包括森林、草原等多种景观（付华等，2010）。兴安盟属温带大陆性季风气候，四季分明，年降水量平均400～450 mm，雨热同期，适合一季作物生长。从北向南气温、积温、光照、无霜期递增，而降水量、相对湿度则递减。土壤以暗棕壤、黑土和栗钙土为主。

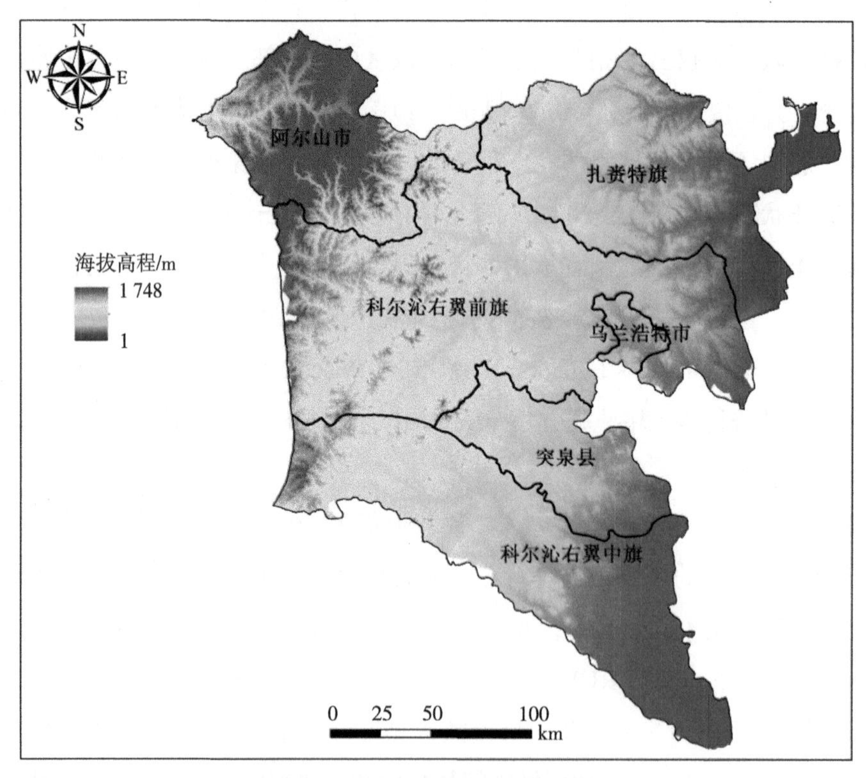


图 7-1　研究区位置和海拔高程

## 7.1.2　数据和方法

### 7.1.2.1　模型选择

本书采用 RUSLE 模型估算研究区内的年土壤侵蚀量以及侵蚀模数，其数学表达式由 6 个因子以连乘的形式组成：

$$A=R\cdot K\cdot L\cdot S\cdot C\cdot P \tag{7-1}$$

式中，$A$ 为土壤侵蚀模数，t/（$hm^2\cdot a$）；$R$ 为降雨侵蚀力因子，（MJ · mm）/（$hm^2\cdot h\cdot a$）；$K$ 为土壤可蚀性因子，（t · $hm^2$ · h）/（$hm^2$ · MJ · mm）；$L$ 和 $S$ 分别为坡度和坡长因子，量纲一；$C$ 为植被覆盖与经营管理因子，量纲一；$P$ 为水土保持措施因子，量纲一。

### 7.1.2.2　降雨侵蚀力 *R* 因子

采用兴安盟地区及其周边 200 km 缓冲区范围内共 21 个气象站点日值降水量数据计算降雨侵蚀力。气象站点日值降水量观测数据由中国气象局数据共享中心提供。本书利用半月侵蚀力的算法模型（章文波等，2002），使用日降水量资料计算半月降雨侵蚀力，公式如下：

$$M=\alpha\sum_{j=1}^{k}\left(P_j\right)^{\beta} \tag{7-2}$$

式中，$M$ 是某半月时段的降雨侵蚀力值，（MJ · mm）/（$hm^2$ · h）；半月时段的划分以每月第 15 日为界，每月前 15 天作为一个半月时段，该月剩余天数作为另一个半月时段，这样将全年依次划分为 24 个时段。$k$ 表示半月时段内的天数；$P_j$ 表示半月时段内第 $j$ 天的侵蚀性日雨量，要求日雨量≥12 mm，否则以 0 计算，阈值 12 mm 基于中国侵蚀性降雨标准（谢云等，2000）。$\alpha$、$\beta$ 是模型待定参数，如下所示：

$$\beta=0.8363+\frac{18.144}{P_{d12}}+\frac{24.455}{P_{y12}}\quad \alpha=21.586\beta^{-7.1891} \tag{7-3}$$

式中，$P_{d12}$ 为日雨量≥12 mm 的日平均雨量；$P_{y12}$ 为日雨量≥12 mm 的年平均雨量。本书中，首先利用 1980—2009 年气象站点日降雨数据，代入式（7-3）计算各站点 $\alpha$、$\beta$ 值，然后代入式（7-2）计算逐年各半月的降雨侵蚀力，经汇总可得到年降雨侵蚀力 $R$。站点计算结果采用 Anuspline 方法进行插值，得到年降雨侵蚀力值空间分布。

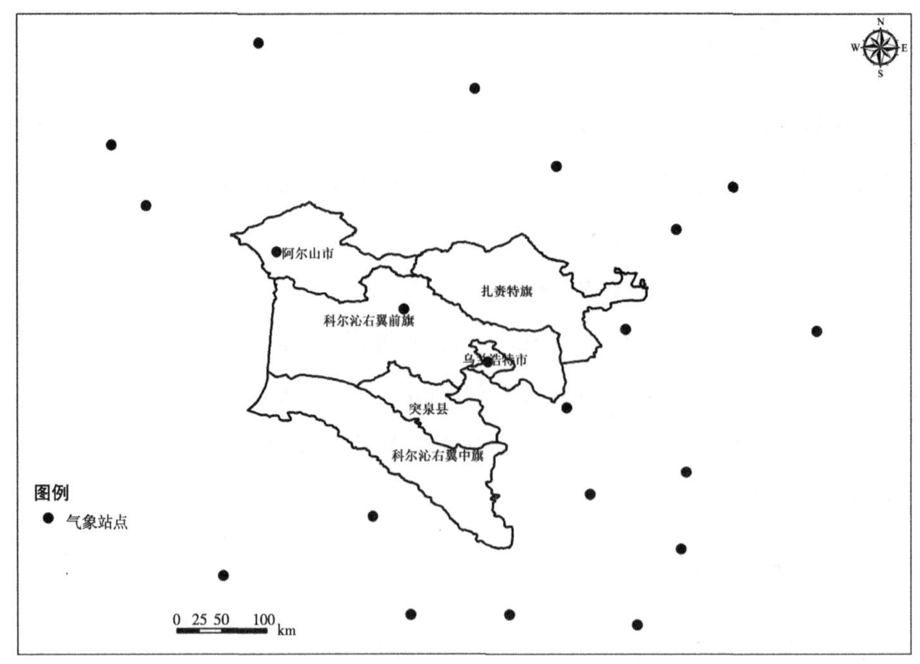


图 7-2　本书用到的 21 个国内外气象站点空间分布

#### 7.1.2.3　土壤可蚀性 *K* 因子

土壤可蚀性计算中使用 1∶100 万中国土壤数据库中内蒙古兴安盟地区部分。该数据库根据全国土壤普查办公室 1995 年编制并出版的《1∶100 万中华人民共和国土壤图》，采用了传统的“土壤发生分类”系统，基本制图单元为亚类。土壤属性数据由中国科学院资源环境科学数据中心提供。兴安盟地区内包含土壤类型 15 种、亚类 34 种。本书中利用诺谟图模型计算土壤可蚀性 *K* 值（Wischmeier 等，1971），该模型是当前使用最为广泛的一种确定土壤可蚀性 *K* 值的方法，*K* 值计算公式见式（3-14）。

#### 7.1.2.4　坡度和坡长 LS 因子

坡度和坡长 LS 因子计算使用的数据是美国 ASTER 的 DEM。数据来源于中国科学院计算机网络信息中心国际科学数据镜像网站（http: //datamirror.csdb.cn），数据名称为“中国 90 m 分辨率坡度数据产品”。坡度和坡长 LS 因子计算主要利用以下方法进行（刘宝元等，2010）：

当坡度 $\theta<5°$ 时，地形因子计算公式为

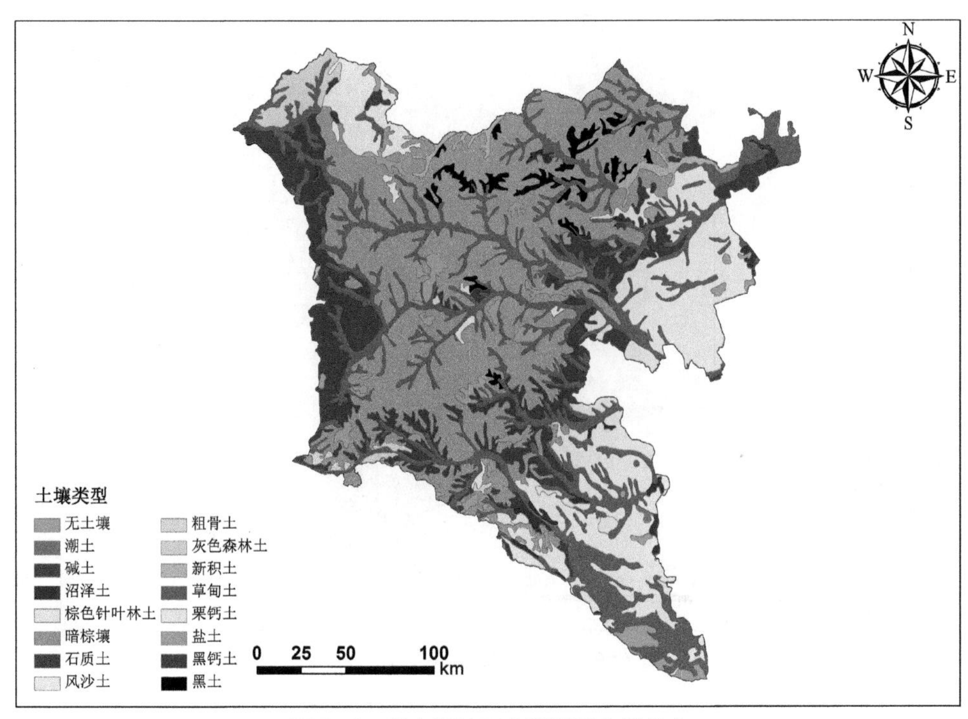


图 7-3　兴安盟地区土壤类型空间分布

$$LS=\left(\frac{\lambda}{22.13}\right)^m(10.8\sin\theta+0.03) \tag{7-4}$$

式中，坡度 $\theta<0.5°$ 时，$m$=0.2；$0.5°\leqslant\theta<1.5°$ 时，$m$=0.3；$1.5°\leqslant\theta<3°$ 时，$m$=0.4；$3°\leqslant\theta<5°$ 时，$m$=0.5；当坡度 $5°\leqslant\theta<10°$ 时，地形因子计算公式为

$$LS=\left(\frac{\lambda}{22.13}\right)^m(16.8\sin\theta-0.5) \tag{7-5}$$

当坡度 $\theta\geqslant10°$ 时，地形因子计算公式为

$$LS=\left(\frac{\lambda}{22.13}\right)^m(21.91\sin\theta-0.96) \tag{7-6}$$

式中，$\lambda$ 为坡长，$m$=0.5。

通常在小流域尺度上，坡长大于 120 m 将产生地表径流（刘宝元等，2010），因此 120 m 是坡长的极限。傅伯杰等（2006）指出：随着土壤侵蚀研究尺度的拓展，由于采用的 DEM 数据精度较低，不宜采取小流域尺度上的研究方法来提取相关指标。本书中研究区尺度较大、DEM 数据分辨率为 90 m，因此坡长 $\lambda$ 可以取值为 90 m。

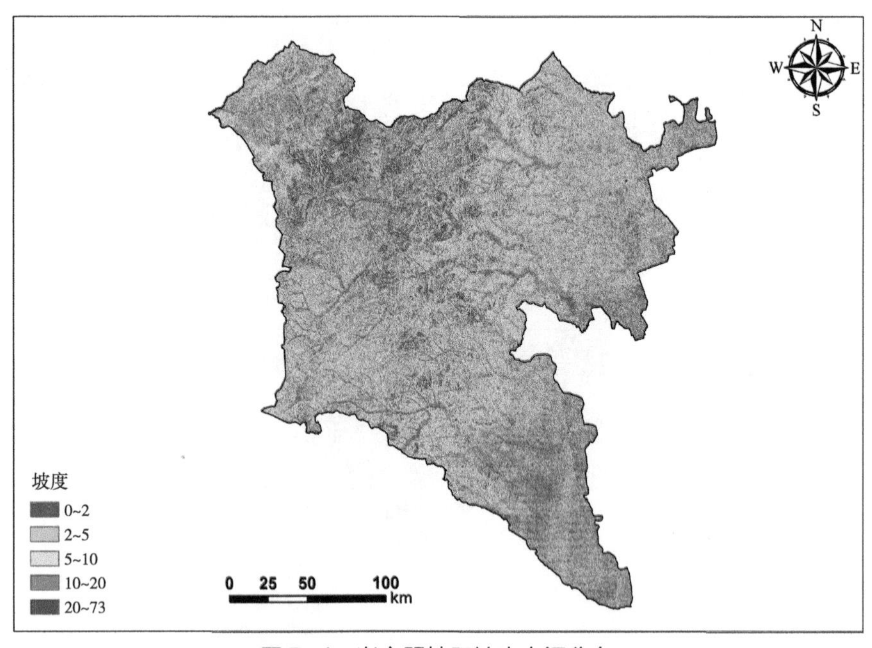


图 7-4 兴安盟地区坡度空间分布

#### 7.1.2.5 植被覆盖与管理 C 因子

植被覆盖与管理因子计算主要使用 1990 年、1995 年、2000 年和 2005 年四期土地利用现状数据和 NDVI 数据。1990 年、1995 年、2000 年和 2005 年四期土地利用现状数据来源于中国科学院地理科学与资源研究所资源环境数据中心，分辨率为 1 km 栅格数据。林地、耕地和草地的 $C$ 值可分解为冠层覆盖因子 $C_c$ 和地表覆盖因子 $C_s$，$C=C_c \cdot C_s$。植被冠层对土壤侵蚀的影响主要是通过拦截降雨降低雨滴直接打击地表的动能；而地表植被覆盖能够使其下的土壤免受雨滴的直接打击，同时增加降雨入渗，减小地表径流、径流流速和水流挟沙力。

根据刘宝元等（2010）的研究工作，本书中把冠层和地表的覆盖作为一个整体进行考虑，因此耕地和草地的冠层覆盖因子 $C_c$ 使用如下公式计算：

$$C_c=1-(0.01V_c+0.0859)\,e^{-0.0033h} \tag{7-7}$$

林地冠层覆盖因子 $C_c$ 使用如下公式计算：

$$C_c=0.5262e^{-0.05V_c} \tag{7-8}$$

地表覆盖因子 $C_s$ 使用如下公式计算：

$$C_s=1.029e^{-0.0235V_c} \tag{7-9}$$

式中，$V_c$ 为植被覆盖度，%；$h$ 为冠层高度，cm，考虑到研究区实际情况，耕地取 70 cm，草地取 30 cm。

覆盖度 $V_c$ 计算使用如下公式（吴楠等，2009）：

$$V_c = \frac{\text{NDVI} - \text{NDVI}_{\min}}{\text{NDVI}_{\max} - \text{NDVI}_{\min}} \tag{7-10}$$

式中，$V_c$ 为覆盖度，归一化植被指数 NDVI 数据来源于 MODIS MOD13A2 产品，空间分辨率 1 km，通过对每 16 天 NDVI 求均值得到 NDVI 年均值。$\text{NDVI}_{\max}$ 和 $\text{NDVI}_{\min}$ 为植被年内 NDVI 最大值和最小值。

#### 7.1.2.6　水土保持工程措施 *P* 因子

耕地的水土保持措施主要有等高耕作、带状耕作、修筑梯田以及地下排水措施等。旱地和牧草地的土壤保持措施，多是沿等高线或在其附近进行平翻耕作，增加土壤湿度，减少径流量，以达到保持土壤的目的。

以往学者的研究结果（曾凌云等，2011；周璟等，2011；彭建等，2007；张淑华等，2011；姚妤等，2011；李玉环等，2006），大多仅仅对水田和旱地考虑水土保持工程措施因子 *P* 值，少部分考虑了果园、茶园等受人类活动影响较大的土地利用类型。依据研究区 2005 年土地利用数据，耕地中水田占 4.24%，集中分布在平原地区；旱地 94.28% 集中分布在平原地区。草地多为自然生长状态。林地中 92.32% 为有林地和灌木林地，主要集中在阿尔山市海拔较高地区，受人类活动干扰较少。因此，本书中的 *P* 因子取值见表 7-1。

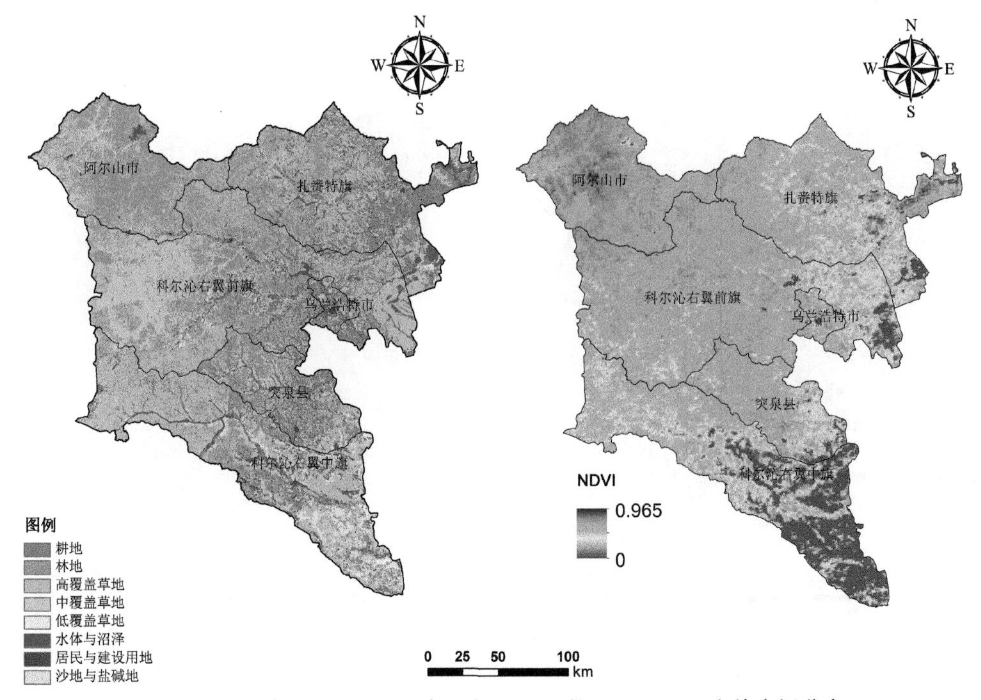


图 7-5　兴安盟地区 2005 年土地利用现状和 NDVI 最大值空间分布

表 7-1 各土地利用类型 *P* 因子取值

| 土地利用类型 | 水田 | 旱地 | 林地 | 草地 | 水体与沼泽 | 居民地与建设用地 | 沙地与盐碱地 |
|---|---|---|---|---|---|---|---|
| *P* 值 | 0.1 | 0.4 | 1 | 1 | 0 | 0 | 1 |

## 7.1.3 结果分析

### 7.1.3.1 土壤侵蚀模数空间分布

将以上计算得到的RUSLE模型各因子进行连乘计算，生成研究区1990年、1995年、2000和2005年四期的土壤侵蚀模数栅格土层。从图中可以看出，土壤侵蚀模数较高地区主要分布在研究区东部和南部地区，北部和中部地区土壤侵蚀模数较低。1990年研究区土壤侵蚀模数最高，为9.15 t/（$hm^2$・a），年土壤侵蚀总量为$5.01 \times 10^7$ t；随后研究区侵蚀模数一直处于下降趋势，1995年为5.46 t/$hm^2$，2000年为2.69 t/$hm^2$，2005年下降为2.38 t/$hm^2$，相应的年侵蚀总量分别为$2.99 \times 10^7$ t、$1.47 \times 10^7$ t、$1.30 \times 10^7$ t。依据水利部《土壤侵蚀分类分级标准》，研究区容许的土壤流失量为2 t/（$hm^2$・a），因此总体上研究区为土壤轻度侵蚀区。1990年研究区只有中部和北部地区属于微度侵蚀，大部分地区属于轻度侵蚀，少部分地区属于中度和强烈侵蚀；随着土壤侵蚀模数的下降，到2005年，大部分地区属于微度侵蚀，少部分地区属于轻度侵蚀，只有研究区东部和南部极少部分地区为中度和强烈侵蚀。

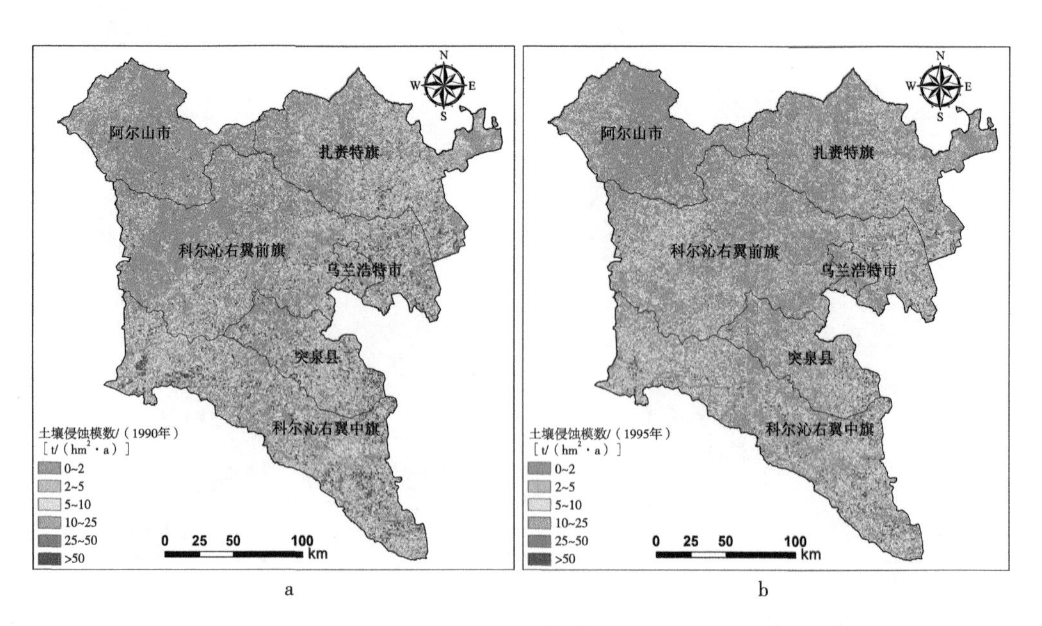

a　　　　b

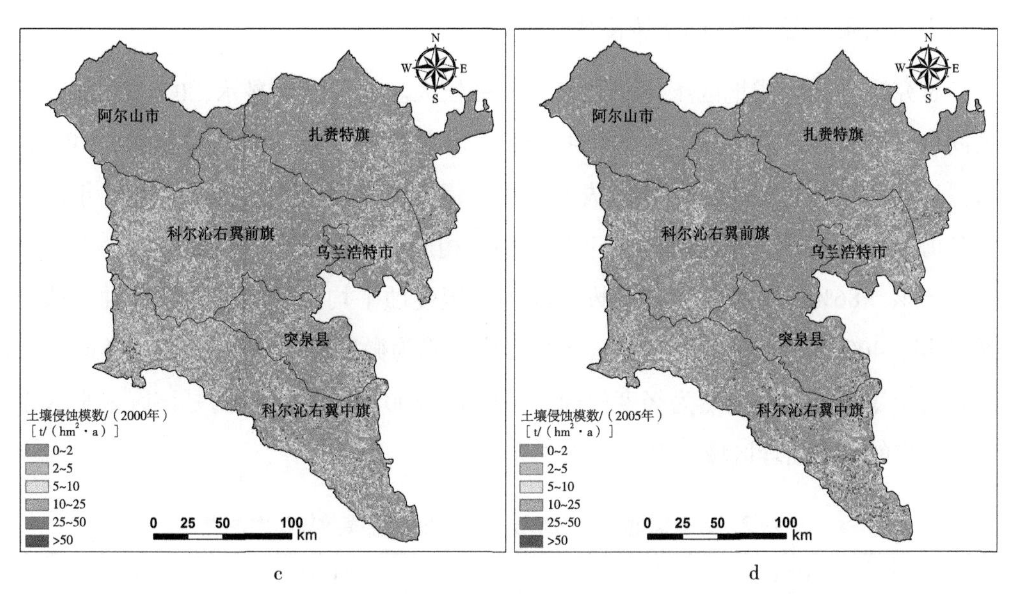


c　　　　　　d

图 7-6　1990 年、1995 年、2000 年和 2005 年兴安盟土壤侵蚀模数空间分布

研究区内 1990—2005 年各市、县（旗）土壤侵蚀模数变化如图 7-7 所示。从图中可以看出，研究区南部和东南部的突泉县、科尔沁右翼中旗、乌兰浩特市土壤侵蚀模数较高，中部和北部的科尔沁右翼前旗和扎赉特旗土壤侵蚀模数较低，西北部的阿尔山市土壤侵蚀模数最低，可能与该地区森林覆盖率较高有关。1990—2005 年研究区各市、县（旗）土壤侵蚀模数都呈下降趋势，只有科尔沁右翼中旗 2005 年土壤侵蚀模数比 2000 年略有上升，需要加强水土保持工作。土壤侵蚀模数下降速率最快的是乌兰浩特市［0.78 t/（$hm^2$·a）·a］，其次是突泉县［0.72 t/（$hm^2$·a）·a］，下降速率最慢的是阿尔山市［0.19 t/（$hm^2$·a）·a］，主要原因是该地区土壤侵蚀模数本来就很低。

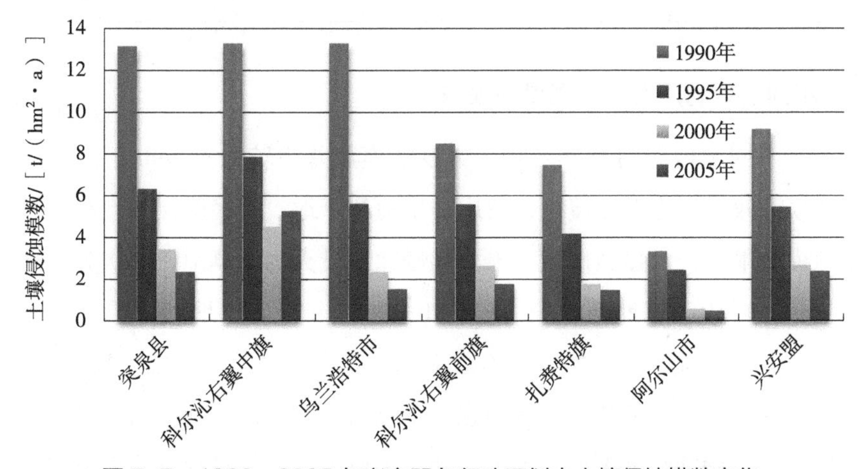


图 7-7　1990—2005 年兴安盟各行政区划内土壤侵蚀模数变化

#### 7.1.3.2 不同海拔高度区间土壤侵蚀模数

研究区不同海拔地区土壤侵蚀模数差距较大。统计结果显示，0～200 m海拔区间内土壤侵蚀模数最高，随着海拔升高，土壤侵蚀模数下降较快。200～400 m海拔区间年侵蚀量最大，随着海拔升高，年侵蚀量下降较快。1990—2005年研究区各海拔区间土壤侵蚀模数均呈下降趋势，相应的年侵蚀量也不断下降，下降幅度在55%～86%。1990年，各海拔区间内土壤侵蚀平均强度均为轻度侵蚀，截至2005年，400 m以上海拔地区土壤侵蚀强度均降为微度侵蚀，只有0～400 m海拔区间内土壤侵蚀强度仍然为轻度侵蚀。因此0～400 m海拔区间内是该区未来水土保持工作的重点治理区域（表7-2）。

表7-2 兴安盟地区不同海拔区间土壤侵蚀模数与年侵蚀量

| | 1990年 | | 1995年 | | 2000年 | | 2005年 | |
|---|---|---|---|---|---|---|---|---|
| 海拔高度/m | 侵蚀模数/[t/(hm²·a)] | 年侵蚀量/10⁴t | 侵蚀模数/[t/(hm²·a)] | 年侵蚀量/10⁴t | 侵蚀模数/[t/(hm²·a)] | 年侵蚀量/10⁴t | 侵蚀模数/[t/(hm²·a)] | 年侵蚀量/10⁴t |
| 0～200 | 14.26 | 971.43 | 8.96 | 608.93 | 4.35 | 296.08 | 6.37 | 433.65 |
| 200～400 | 11.22 | 1 651.90 | 5.66 | 832.96 | 2.66 | 392.14 | 2.43 | 357.57 |
| 400～600 | 8.12 | 778.02 | 4.21 | 403.65 | 2.32 | 222.65 | 1.51 | 144.35 |
| 600～800 | 8.01 | 713.78 | 4.88 | 434.97 | 2.45 | 218.70 | 1.55 | 138.17 |
| 800～1 000 | 7.03 | 526.85 | 5.62 | 421.16 | 2.96 | 221.91 | 1.92 | 144.01 |
| 1 000～1 200 | 6.95 | 299.19 | 5.56 | 239.49 | 2.41 | 103.75 | 1.79 | 76.99 |
| 1 200～1 400 | 2.39 | 59.92 | 1.70 | 42.78 | 0.47 | 11.80 | 0.32 | 8.11 |
| 1 400～1 748 | 2.52 | 9.80 | 1.64 | 6.39 | 0.47 | 1.83 | 0.36 | 1.40 |

#### 7.1.3.3 不同土地利用类型土壤侵蚀模数

研究区不同土地利用类型之间土壤侵蚀模数差距较大。1990年，水田和林地土壤侵蚀模数较低，为微度侵蚀；然后是旱地和草地，为轻度侵蚀；沙地与盐碱地土壤侵蚀模数最高，为强烈侵蚀。土壤年侵蚀量最大的是草地，其次为旱地、沙地与盐碱地，这是由于草地面积较大。1990—2005年，各土地利用类型侵蚀模数均呈下降趋势，相应地，年侵蚀量也不断下降。其中，林地下降幅度最大，为89%，旱地土壤侵蚀模数下降了71%，侵蚀强度下降为微度侵蚀。沙地与盐碱地下降幅度最小，为29%，侵蚀强度下降为中度侵蚀。因此沙地与盐碱地是该区未来水土保持工作的重点治理区域，其次为草地（表 7-3）。

表 7-3　兴安盟地区各土地利用 / 覆被类型土壤侵蚀模数与年侵蚀量

| | 1990 年 | | 1995 年 | | 2000 年 | | 2005 年 | |
|---|---|---|---|---|---|---|---|---|
| 土地覆被 / 利用类型 | 侵蚀模数 / [ t/（$hm^2$ · a）] | 年侵蚀量 / $10^4$t | 侵蚀模数 / [ t/（$hm^2$ · a）] | 年侵蚀量 / $10^4$t | 侵蚀模数 / [ t/（$hm^2$ · a）] | 年侵蚀量 / $10^4$t | 侵蚀模数 / [ t/（$hm^2$ · a）] | 年侵蚀量 / $10^4$t |
| 林地 | 1.09 | 185.59 | 0.58 | 86.37 | 0.19 | 28.52 | 0.12 | 18.14 |
| 草地 | 15.10 | 3 494.90 | 7.82 | 1 880.91 | 3.83 | 905.25 | 2.52 | 594.44 |
| 沙地与盐碱地 | 52.98 | 638.89 | 34.95 | 434.79 | 20.96 | 252.93 | 37.37 | 456.65 |
| 水田 | 0.83 | 1.72 | 0.89 | 3.76 | 0.31 | 1.45 | 0.43 | 2.14 |
| 旱地 | 6.83 | 682.78 | 5.11 | 581.36 | 2.40 | 281.72 | 1.98 | 231.00 |

#### 7.1.3.4　土壤侵蚀模数变化分析

1990—2005 年，兴安盟地区土壤侵蚀模数一直呈现下降趋势，其驱动因子主要有降雨侵蚀力因子 $R$ 和植被覆盖与管理因子 $C$。1990—1995 年该区降雨侵蚀力下降，植被指数 NDVI 上升，因此土壤侵蚀模数必然下降。1995—2000 年降雨侵蚀力下降，而植被指数 NDVI 也下降，土壤侵蚀模数变化可能主要受降雨侵蚀力因子驱动而下降。2000—2005 年降雨侵蚀力上升，但低于 1990 年和 1995 年，而植被指数 NDVI 上升至多年来最高值，因此导致该区土壤侵蚀模数仍然下降，但幅度较小。

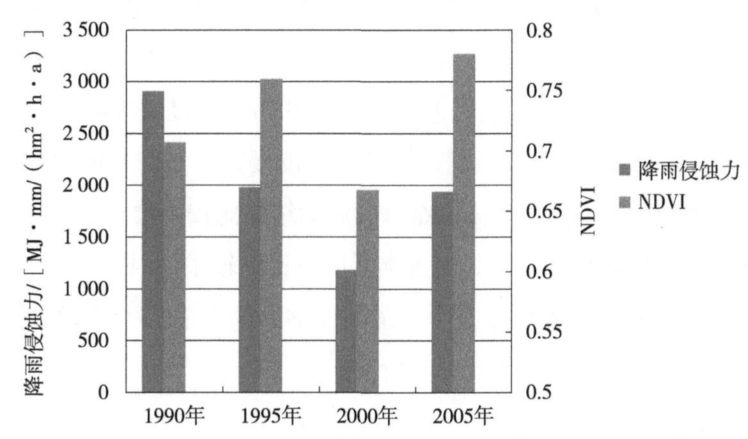


图 7-8　1990—2005 年兴安盟地区降雨侵蚀力和 NDVI 变化

### 7.1.4　讨论

前人对该区土壤侵蚀研究较少，仅有的前人研究结果显示，该区中、东部及科尔沁右翼中旗南部地区沟壑密度大，侵蚀模数在 2 500 t/（$km^2$ · a）以上（吴靖尧等，2002）。从图 7-9 可以看出，本书的分析结果与前人研究结果较吻合。

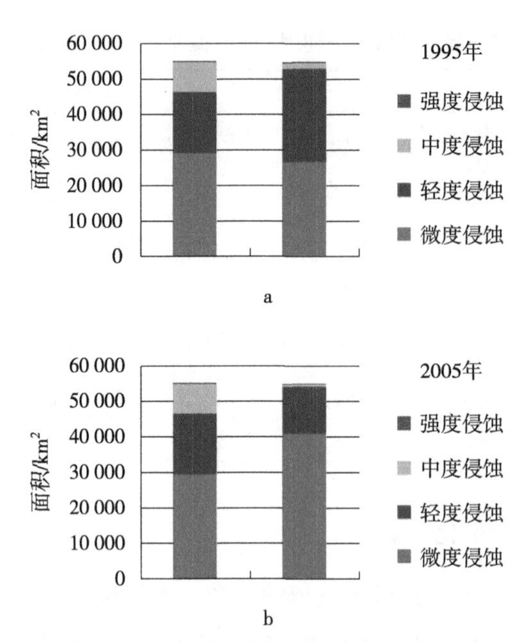


**图 7-9　1995 和 2005 年兴安盟地区土壤侵蚀分级面积对比**

赵晓丽等（2002）在遥感和 GIS 技术支持下采用人机交互判读分析进行土壤侵蚀动态监测，根据土壤侵蚀分类分级标准（1997），本书结果与之对比显示：1995 年本书中的微度侵蚀面积相对于赵的研究少 8.55%，轻度侵蚀面积多 51.50%，中度侵蚀面积少 82.01%，重度侵蚀面积多 19.87%。因此，微度和重度侵蚀面积与赵的研究较符合，轻度侵蚀和重度侵蚀面积差距较大。2005 年，本书中的微度侵蚀面积相对于赵的研究多 38.93%，轻度侵蚀面积少 22.98%。中度侵蚀面积少 94.09%，重度侵蚀面积少 31.21%。因此，微度、轻度和重度侵蚀面积与赵的研究较符合，中度侵蚀面积差距较大。总体上本书的结果与赵的结果比较一致，比较可靠。

研究区部分地区以风蚀为主，但占本区面积比例较小，因此本书主要考虑土壤水力侵蚀。受土地覆盖数据限制，本书最新评估结果为 2005 年的数据，但仍然对兴安盟地区水土保持工作具有重要参考价值。

## 7.1.5　结论

总体上，内蒙古兴安盟地区为土壤轻度侵蚀，土壤侵蚀模数较高地区主要分布在研究区东部和南部地区，北部和中部地区土壤侵蚀模数较低。1990 年，土壤侵蚀模数最高，为 9.15 t/（$hm^2$·a），2005 年下降为 2.38 t/$hm^2$，其下降过程主要受降雨侵蚀力和植被覆盖因子的综合影响。

兴安盟地区 0～200 m 海拔区间内土壤侵蚀模数最高，随着海拔升高，土壤侵蚀模数下降较快。200～400 m 海拔区间土壤年侵蚀总量最大。1990—2005 年研究区各海拔区间土壤侵蚀模数均呈下降趋势，到 2005 年，只有 0～400 m 海拔区间内土壤侵蚀强度仍然为轻度侵蚀以上，因此 0～400 m 海拔区间内是该区未来水土保持工作的重点治理区域。

兴安盟地区土地利用类型中水田和林地土壤侵蚀模数较低，其次是旱地和草地，沙地与盐碱地土壤侵蚀模数最高。1990—2005 年，各土地利用类型土壤侵蚀模数均呈下降趋势，沙地与盐碱地下降幅度最小，草地侵蚀强度仍然为轻度侵蚀，且土壤年侵蚀量最大。因此沙地与盐碱地、草地也是该区未来水土保持工作的重点治理区域。

总体上，本书的结果比较可靠，与前人的结果比较一致。

## 7.2 高寒草地土壤侵蚀样点分析

### 7.2.1 研究背景

$^{137}$Cs 是 20 世纪 50—70 年代各国进行核试验的产物，1956—1965 年是核尘埃的主要产出期，其中以 1963—1964 年浓度最大（张信宝等，1989）。它本身是一种放射性核素，半衰期为 30.17a，主要随降雨或尘埃沉降到地面后被土壤颗粒和有机质强烈吸附，而被植物吸收或被水淋溶的损失量可忽略不计，因此某一地点 $^{137}$Cs 赋存量的减少只与衰变和伴随土壤颗粒被侵蚀流失有关（Tamura et al.，1960；Rogowshi et al.，1965；Owens et al.，1996；胡云锋等，2005）。

自 20 世纪 70 年代以来，国内学者利用 $^{137}$Cs 研究土壤侵蚀已经取得了不少成果。如张信宝等（1989，2006、2007）、Zhang 等（1990、1994）对黄土高原和四川盆地土壤水蚀作用的研究，严平等（2000、2003）对青藏高原北部、南部地区以及共和盆地土壤风蚀作用的研究，张春来等（2002、2003）对贵南地区半干旱草原表土风蚀的研究，濮励杰等（1998）对新疆库尔勒地区由于风蚀导致的土地退化的研究，胡云锋（2005）等对内蒙古地区风蚀土壤剖面 $^{137}$Cs 分布的研究，方华军等（2005）对东北坡耕地黑土侵蚀沉积特征的研究。

本书选取青海三江源中东部地区作为研究区。该地区是长江、黄河的发源地，近年来，在自然和人为因素的干扰下，三江源地区生态环境不断恶化，土壤侵蚀已经成为该区面临的一个严峻问题。通过在三江源地区中东部黄河流域和长江流域高寒草甸选取不同草地覆盖度情况下的 11 个样点，挖取土壤剖面，分层采集土壤样品，进行了土壤理化性状分析和 $^{137}$Cs 测定，并对各样点土壤侵蚀速率进行估算，探讨了该区土壤侵蚀强度和空间分布规律。

## 7.2.2 数据与方法

### 7.2.2.1 样品采集与分析

研究区位于我国青海省三江源地区的中东部，地理位置为北纬 33°07′～34°18′、东经 95°50′～101°01′，以山地地貌为主，海拔为 3 728～4 636 m。该区域的植被类型有灌丛、草甸、沼泽及水生植被等。气候属青藏高原气候系统，为典型的高原大陆性气候（陈桂琛等，2003），表现为冷热两季交替、干湿两季分明、日照时间长、辐射强烈。采样区域年平均气温为 -6.2～-0.8℃（注：为空间插值数据），年降水量为 451～728 mm（注：为空间插值数据，下文同），由东南向西北逐渐递减，并具有明显的区域分异。由于受地理位置、地貌特征、气候条件以及土壤类型等的综合影响，区内土壤侵蚀类型包括水力侵蚀、风力侵蚀以及冻融侵蚀。

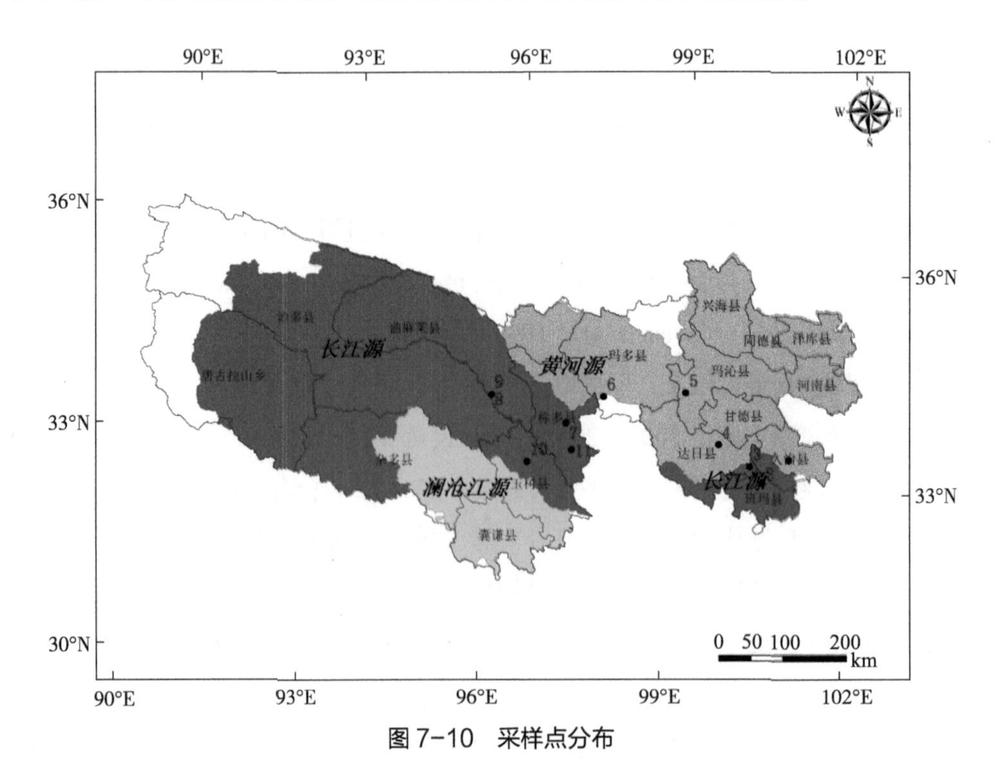


图 7-10 采样点分布

土壤样品于2006年8月采于青海省南部三江源中东部地区，共采集11个土壤剖面，范围涉及果洛、玉树藏族自治州的8个县。每个样点土壤剖面深度30 cm，采样截面为8 cm×9 cm，厚度为2 cm，每个土壤剖面共采集15个样品。

理化性状分析的样品是：在每个土壤剖面样品中取少许样品，并按距地表0～10 cm，10～20 cm，20～30 cm合并成3个测试样。理化性状分析委托中国科学院地理科学与资源研究所中心理化分析室测试。

$^{137}$Cs测试样品是：根据土壤剖面样品砂石含量将每个土壤剖面样品合为5个或7个；合为5个样品的情况是由地表开始每6 cm（3个样品）合为一个；合为7个样品的情况是由地表开始每4 cm（2个样品）合为一个样品，第7层为6 cm（3个样品）合为一个样品。样品经风干后，研磨，过2 mm孔径筛，去除植物残体和砾石，称量样品筛分后粒径大于2 mm和小于2 mm的部分。取粒径小于2 mm的样品250～400 g进行$^{137}$Cs活度的测量。样品测试委托中国地质大学辐射与环境实验室完成，采用美国产高精度数字化高纯锗γ谱仪（HPGe，Despec），计算662keV γ射线的全峰面积，从而获得土样的$^{137}$Cs活度。该γ谱仪的主要指标为：对$^{60}$Co 1.33 MeV的能量分辨率为1.67 KeV，每个样品的测试累积时间从11 033 s至38 100 s不等。其中，对检测出$^{137}$Cs活度>0的样品的累积测试时间均在15 000 s以上。见表7-4。

表7-4　$^{137}$Cs取样点概况

| 样点编号 | 取样点 | 经纬度 | 海拔高度/m | 土壤类型 | 分层 | 地表状况描述 |
|---|---|---|---|---|---|---|
| S01 | 黄河流域<br>久治县中部 | N 33.4485°<br>E 101.0107° | 4 100 | 草毡土 | 7 | 高寒草甸，缓坡谷地 |
| S02 | 长江流域<br>班玛县北端 | N 33.1101°<br>E 100.5759° | 3 728 | 草毡土 | 5 | 亚高山草甸，灌丛草甸，缓坡谷地 |
| S03 | 长江流域<br>达日县东端 | N 33.3312°<br>E100.3493° | 4 329 | 草毡土 | 7 | 垭口东南阳坡，侵蚀较严重，斑毡状高寒草甸 |
| S04 | 黄河流域<br>达日县东南端 | N33.6082°<br>E 99.7966° | 4 071 | 草毡土 | 7 | 典型小蒿草高寒草甸，平缓阴坡坡麓，黑土滩现象严重 |
| S05 | 黄河流域<br>玛沁县西端 | N34.2959°<br>E99.1785° | 4 240 | 草毡土 | 7 | 高寒草甸，低丘坡麓，半阴坡 |
| S06 | 黄河流域<br>玛多县南端 | N34.1721°<br>E97.7664° | 4 636 | 草毡土 | 5 | 沼泽化草甸，阳坡坡麓地带 |

续表

| 样点编号 | 取样点 | 经纬度 | 海拔高度 /m | 土壤类型 | 分层 | 地表状况描述 |
|---|---|---|---|---|---|---|
| S07 | 长江流域称多县中部 | N33.77°<br>E97.1586° | 4 422 | 草甸沼泽土 | 7 | 高寒草甸，谷地 |
| S08 | 长江流域曲麻莱县南端 | N34.0832°<br>E95.8336° | 4 201 | 薄草毡土 | 7 | 高寒草甸，草高 5 cm |
| S09 | 长江流域曲麻莱县南端 | N34.0832°<br>E95.8336° | 4 201 | 薄草毡土 | 5 | 高寒草甸，草高 30 cm，围栏保护 2 年 |
| S10 | 长江流域玉树县中北部 | N33.2052°<br>E96.5516° | 4 221 | 草甸泽沼土 | 5 | 隆宝自然保护区河滩地，高覆盖高寒草甸 |
| S11 | 长江流域称多县中南部 | N33.4113°<br>E97.2898° | 4 284 | 草甸泽沼土 | 5 | 谷地，沼泽化草甸 |

#### 7.2.2.2 $^{137}$Cs 背景值确定

$^{137}$Cs 背景值是未经任何形式的土壤侵蚀或人为影响的天然土壤剖面中 $^{137}$Cs 活度的总量。本书的研究区距离青海海晏金银滩 221 核试验基地较近，该基地成功完成了 16 次核试验。由于 Walling 和 He 开发的全球 $^{137}$Cs 背景值计算软件的计算结果不能完全正确地反映出本书区域的背景值（齐永青等，2006），因此本次研究采用样点 S06 剖面的 $^{137}$Cs 活度总量 2 338.85 Bq/m$^2$ 作为背景值。该样点地处黄河流域青海省玛多县南缘与四川接壤处，地表属半湿润高寒草甸类型，地势平坦，多年平均降雨量为 523 mm。该背景值高于严平（2000、2003）、张春来等（2002、2003）在附近区域研究的背景值，但低于李元寿等在附近区域研究的背景值（见表 7-5）。

表 7-5　$^{137}$Cs 背景值与文献背景值的比较

| 地点 | 背景值 /（Bq/m$^2$） | 采集时间 | 修正至 2006 年（衰变系数 0.022 7/a） |
|---|---|---|---|
| 青海共和（严平等，2003） | 2 692 | 1998 年 | 2 240 Bq/m$^2$ |
| 青海贵南（张春来等，2002） | 2 319 | 2000 年 | 2 020 Bq/m$^2$ |
| 青海五道梁（严平等，2000） | 2 376 | 1997 年 | 1 932 Bq/m$^2$ |
| 达日县建设乡（李元寿等，2007） | 3 795 | 2004 年 | 3 625 Bq/m$^2$ |
| 青海玛多县南端（本书） | 2 338.85 | 2006 年 | |

注：本书采用达日的背景值。

#### 7.2.2.3 计算方法

$^{137}$Cs 面积活度之和可采用以下公式计算：

$$\mathrm{CPI}=\sum_{i=1}^{n}C_i \cdot B_i \cdot D_i \tag{7-11}$$

式中，CPI 为样点的 $^{137}$Cs 面积活度；$i$ 为层序号；$n$ 为采样层数；$C_i$ 为第 $i$ 采样层中 $^{137}$Cs 的活度；$B_i$ 为第 $i$ 采样层的土壤容重，(kg/m$^3$)；$D_i$ 为第 $i$ 采样层的厚度，m。

对于侵蚀模数的计算，采用基于 $^{137}$Cs 剖面分布的土壤侵蚀模型（Quine et al., 1994）。该模型基于非耕作土壤剖面 $^{137}$Cs 的指数分布形式，同时假定 $^{137}$Cs 最大沉降于 1963 年。在放牧草地上，由于 $^{137}$Cs 在土壤剖面上多呈指数分布，土壤侵蚀量的变化不仅与侵蚀迁移的 $^{137}$Cs 有关，还与 $^{137}$Cs 的分布形态有关，因此适合使用基于 $^{137}$Cs 剖面指数分布的土壤侵蚀模型计算其侵蚀模数。模型表达式为：

$$A=A_0\mathrm{e}^{-\lambda\cdot h\cdot(\mathrm{T}-1\,963)} \tag{7-12}$$

式中，$A$ 为侵蚀点 $^{137}$Cs 面积浓度，Bq/cm$^2$；$A_0$ 为有效 $^{137}$Cs 背景值，Bq/cm$^2$；$h$ 为年均侵蚀厚度，cm/a；$\lambda$ 为描述非耕作土壤剖面中 $^{137}$Cs 随浓度变化的形态参数，可以由逐层 $^{137}$Cs 值反推，而后由最小二乘法拟合得到。本书采用所有剖面的 $^{137}$Cs 分布曲线拟合所得的 $\lambda$ 值的平均值 0.063 209，据此，可以求得年侵蚀速率 $h$（cm/a）。土壤侵蚀速率（土壤侵蚀模数）可由下式计算：

$$E=10^4\cdot B\cdot h \tag{7-13}$$

式中，$E$ 为土壤侵蚀模数，t/（km$^2$ · a）；$B$ 为土壤容重，g/cm$^3$；$h$ 为年侵蚀厚度，cm/a。

#### 7.2.2.4 样点背景资料获取

研究区背景资料主要包括气象、水系、土壤、土地覆被、地势地形等数据。

气象数据（温度、降水量等）以 1975—2005 年每日的三江源地区气象台站观测数据以及来自全国气象站点的三江源周边地区气象台站的数据进行空间内插得到，空间分辨率为 1 km 网格。所使用的插值方法是由澳大利亚国立大学基于利用光滑薄板样条法开发的插值软件 ANUSPLIN。在内插过程中主要考虑经纬度和海拔高度对各气候要素的影响，并利用分辨率为 1 km 网格的数字高程数据按线性关系对样条函数得到的表面进行拟合，得到最后的内插结果。

样点地表状况背景资料主要通过野外记录与室内分析结合获得。其中，室内分析主要是将采样点分别与历年 1 km 温度空间插值图、历年 1 km 降水空间插值、1∶10 万水系图、1∶400 万土壤类型图、由 1∶15/10 万等高线图生成的 1 km DEM、1∶10 万土地覆被数据等叠加分析后，获取样点有关背景资料。

## 7.2.3 结果分析

### 7.2.3.1 $^{137}$Cs 活度的剖面分布

以土壤深度为纵坐标，$^{137}$Cs 活度为横坐标，可以描绘出 $^{137}$Cs 在土壤剖面上的分布。根据 $^{137}$Cs 分布形态，可以建立相应的 $^{137}$Cs 活度与剖面深度的分布函数，同时根据公式（7-11）可以计算出每个样点的 $^{137}$Cs 活度总量。

从各样点的土壤剖面 $^{137}$Cs 分布形态可以看出，样点 S01、S03、S05、S06、S08、S09、S11，均为表层（0～4 cm 或 0～6 cm）$^{137}$Cs 含量最高，之后下部含量急剧降低，属于本书研究区域的正常分布形态。除 S02 样点外，$^{137}$Cs 主要分布 12 cm 深度以内，这与张春来等（2002）和胡云锋等（2005）对草原地区的研究结果基本一致。样点 S02 $^{137}$Cs 分布深度达 18 cm，这主要是因为该样点土壤颗粒较粗的原因，样点 S02 整个土壤剖面中粒径 2 mm 以上的土壤含量为 45.48%，远高于其他 10 个样点土壤剖面中粒径 2 mm 以上的土壤含量平均值 18.73%。

样点 S07 和 S10 的 $^{137}$Cs 含量峰值出现在深度 4～8 cm 和 6～12 cm 处，之后下部含量急剧降低，为堆积点土壤剖面的 $^{137}$Cs 分布形态。$^{137}$Cs 活度分布深度达 24 cm。

样点 S04 的 $^{137}$Cs 剖面分布形态为：表层土壤的 $^{137}$Cs 含量最高，且 0～12 cm 呈负指数形态，8～12 cm $^{137}$Cs 含量非常低；12～24 cm 呈正指数分布，20～24 cm 又出现峰值；24～30 cm $^{137}$Cs 含量非常低；$^{137}$Cs 活度分布深度达 30 cm。根据野外采样时的调查，该样点为典型黑土滩类型，鼠害严重，其 $^{137}$Cs 分布形态是由老鼠在地下挖洞，之后洞穴又被泥土填充所致。所以，S04 样点的 $^{137}$Cs 剖面分布形态是典型的黑土滩土壤 $^{137}$Cs 剖面分布形态。

表 7-6　$^{137}$Cs 在土壤剖面分布特征

| 样点编号 | $^{137}$Cs 分布最大深度 /cm | 0～12 cm 土壤 $^{137}$Cs 活度占剖面总活度比例 /% |
|---|---|---|
| S01 | 8 | 100 |
| S02 | 18 | 87 |
| S03 | 8 | 100 |

续表

| 样点编号 | $^{137}$Cs 分布最大深度 /cm | 0～12 cm 土壤 $^{137}$Cs 活度占剖面总活度比例 /% |
|---|---|---|
| S04 | 30 | 57 |
| S05 | 8 | 100 |
| S06 | 12 | 100 |
| S07 | 24 | 93 |
| S08 | 8 | 100 |
| S09 | 12 | 100 |
| S10 | 24 | 97 |
| S11 | 12 | 100 |

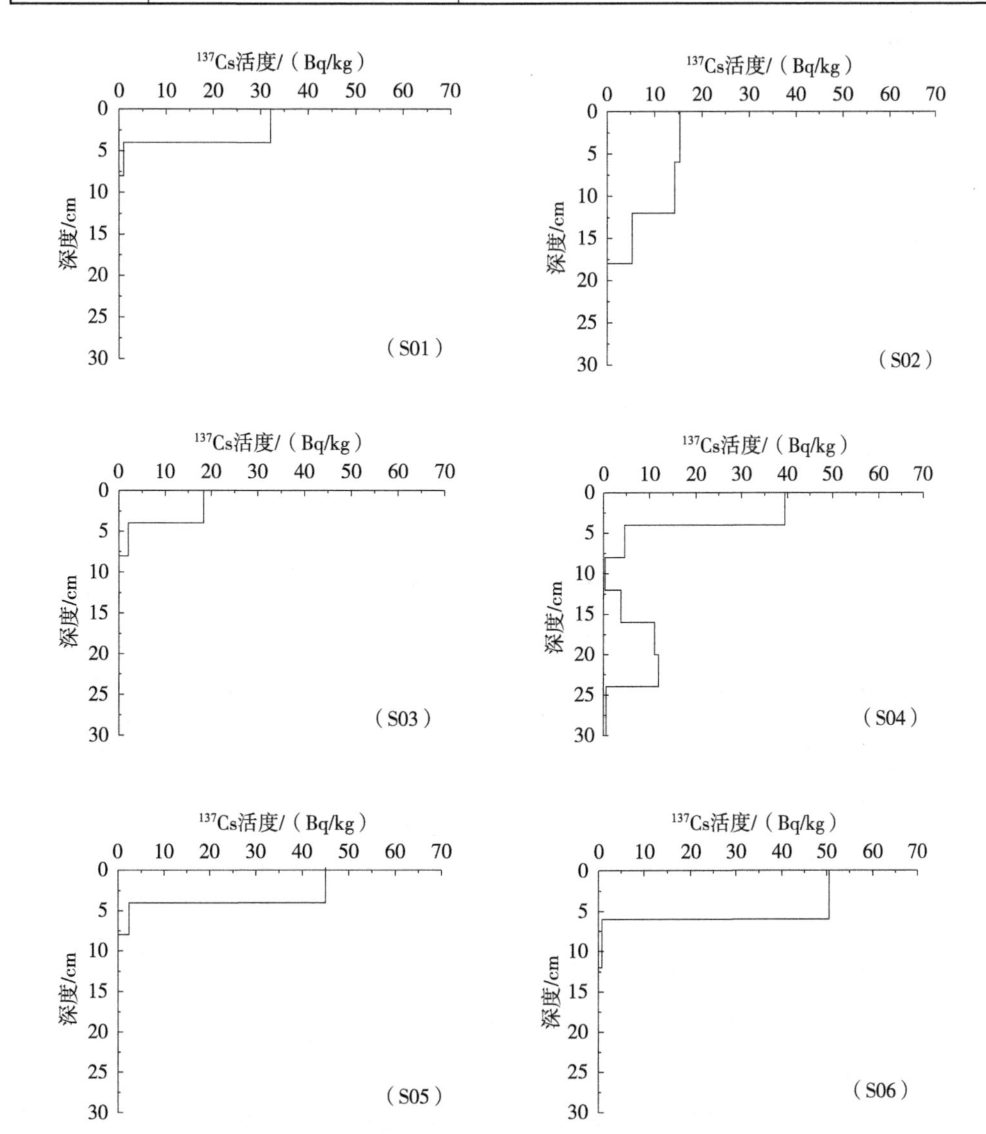

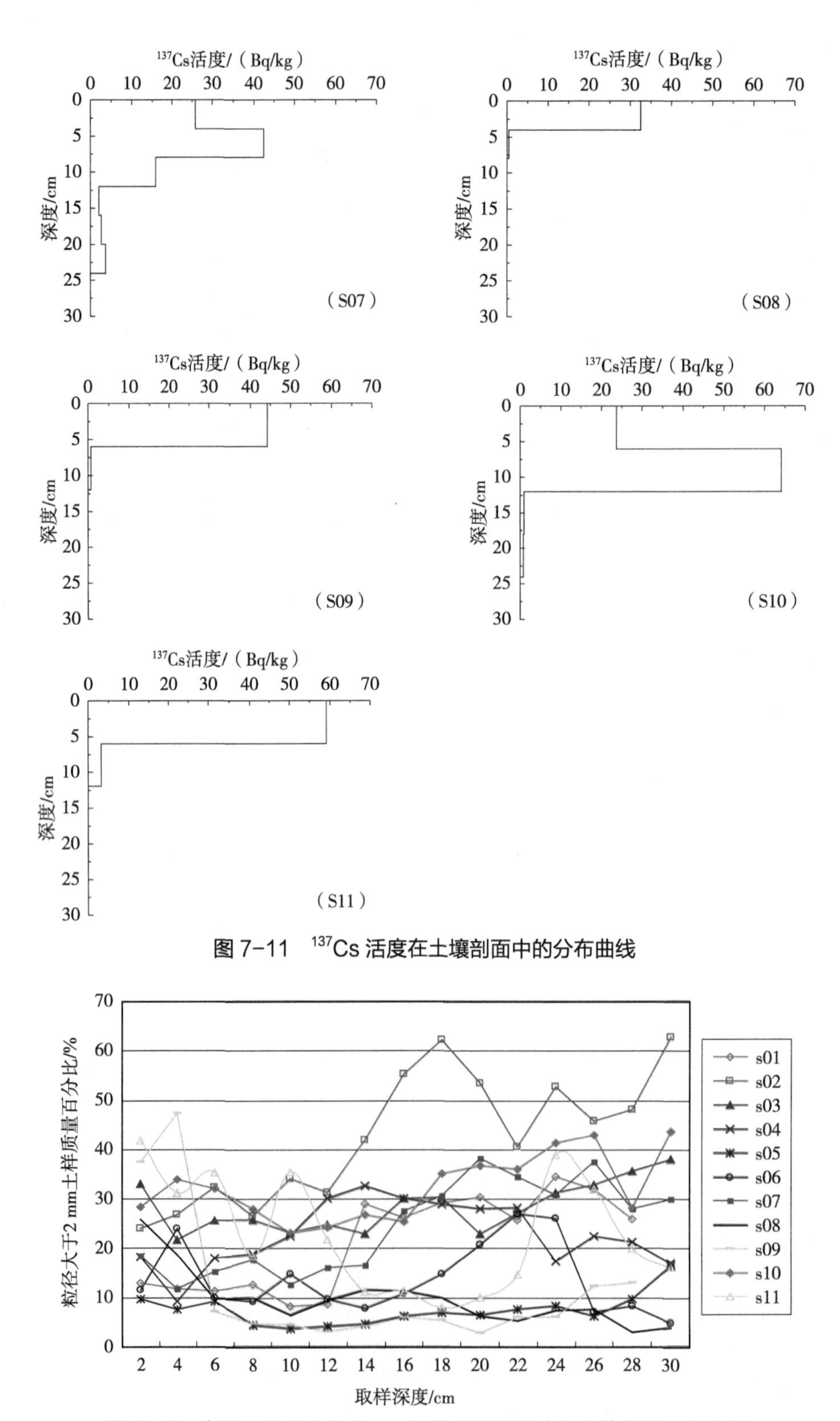


图 7-11　$^{137}$Cs 活度在土壤剖面中的分布曲线

图 7-12　各样点粒径大于 2 mm 颗粒质量百分比在土壤剖面中的分布

### 7.2.3.2　土壤蚀积速率特征

根据各样点 $^{137}$Cs 活度总量 CPI 与背景值的对比，并结合 $^{137}$Cs 活度分布形态分析可知：样点 S07 和 S10 处为堆积；样点 S01、S02、S03、S05、S08、S09、S11 处为侵蚀；样点 S04 为黑土滩土壤剖面。样点 S07 和 S10 堆积点的堆积量根据其 $^{137}$Cs 在剖面中的分布曲线来计算，认为 $^{137}$Cs 峰值以上土层为自 1963 年以来堆积形成，根据峰值深度以上的容重和总重量来计算年堆积土壤厚度及年堆积量。对于样点 S01、S02、S03、S05、S08、S09、S11 各侵蚀点处的侵蚀厚度和侵蚀模数，则根据 $^{137}$Cs 总量、土壤容重，由式（7-12）、式（7-13）可计算得到各样点土壤年侵蚀厚度、侵蚀模数。样点 S04 为黑土滩土壤 $^{137}$Cs 分布曲线特殊，12 cm 以上剖面 $^{137}$Cs 呈负指数分布，12 cm 以下呈正指数分布，而且研究区 $^{137}$Cs 主要分布在距地表 12 cm 以上的土壤中。因此，样点 S04 以 12 cm 深度以上土壤剖面部分的 $^{137}$Cs 总量，以及土壤容重来计算该样点土壤侵蚀模数。为了比较分析，也以样点 S04 土壤剖面的 $^{137}$Cs 总量，以及土壤容重来计算该样点土壤侵蚀模数。

计算结果显示，其中侵蚀级别的确定参照了 1997 年水利部发布的《土壤侵蚀分类分级标准》。在该标准中，微度侵蚀级别的侵蚀模数上限值在南方红壤丘陵区和西南土石山区取 500 t/（km$^2$·a），因此，本书取 500 t/（km$^2$·a）为微度侵蚀级别的上限值。本书侵蚀级别具体为：平均侵蚀模数小于 500 t/（km$^2$·a）为微度侵蚀，平均侵蚀模数介于 500～2 500 t/（km$^2$·a）为轻度侵蚀，平均侵蚀模数介于 2 500～5 000 t/（km$^2$·a）为中度侵蚀，平均侵蚀模数介于 5 000～8 000 t/（km$^2$·a）为强度侵蚀，平均侵蚀模数介于 8 000～15 000 t/（km$^2$·a）为极强度侵蚀，平均侵蚀模数大于 15 000 t/（km$^2$·a）为剧烈侵蚀。

表 7-7　样点 $^{137}$Cs 活度总量 CPI 和土壤侵蚀模数

| 样点编号 | $^{137}$Cs 活度总量 CPI/（Bq/m$^2$） | 年侵蚀厚度 $h$/（cm/a） | 土壤容重 $B$/（g/cm$^3$） | 侵蚀模数 $E$/[t/（km$^2$·a）] | 侵蚀级别 | 流域 |
|---|---|---|---|---|---|---|
| S01 | 1 523.680 | 0.157 664 | 1.74 | 2 743.362 | 中度侵蚀 | 黄河流域 |
| S02 | 1 430.548 | 0.180 869 | 1.14 | 2 061.912 | 轻度侵蚀 | 长江流域 |
| S03 | 730.528 | 0.428 128 | 1.47 | 6 293.484 | 强度侵蚀 | 长江流域 |
| S04_12 | 1 685.574 | 0.120 512 | 1.29 | 1 554.604 | 轻度侵蚀 | 黄河流域 |
| S04_30 | 2 968.77 | −0.087 74 | 1.434 | −1 258.26 | 堆积 | 黄河流域 |
| S05 | 2 236.460 | 0.0164 70 | 1.52 | 250.338 | 微度侵蚀 | 黄河流域 |
| S06 | 2 338.848 | 0 | 1.07 | 0 | — | 黄河流域 |

续表

| 样点编号 | $^{137}$Cs 活度总量 CPI/（Bq/m$^2$） | 年侵蚀厚度 *h*/（cm/a） | 土壤容重 *B*/（g/cm$^3$） | 侵蚀模数 *E*/［t/（km$^2$·a）］ | 侵蚀级别 | 流域 |
|---|---|---|---|---|---|---|
| S07 | 4 732.816 | −0.093 023 | 1.33 | −1 237.210 | 堆积 | 长江流域 |
| S08 | 1 029.742 | 0.3018 23 | 1.11 | 3 350.232 | 中度侵蚀 | 长江流域 |
| S09 | 1 956.888 | 0.065 601 | 1.33 | 872.495 | 轻度侵蚀 | 长江流域 |
| S10 | 3 541.946 | −0.139 540 | 1.12 | −1 562.790 | 堆积 | 长江流域 |
| S11 | 1 644.957 | 0.129 487 | 0.64 | 828.717 | 轻度侵蚀 | 长江流域 |

注：表中正值表示产生侵蚀，负值表示堆积，样点 S06 为背景值。

从表 7-7 可以看出，样点 S03 侵蚀模数比较大，1963 年以来的多年平均年侵蚀模数为 6 293.48 t/km$^2$，年侵蚀厚度为 0.43 cm。样点 S03 位于阳坡垭口，海拔 4 329 m，原表层覆被完全剥落，形成植被稀疏的斑秃，根据土壤侵蚀分级标准该处为强度土壤侵蚀。样点 S01 位于缓坡谷地，样点 S02 位于谷地，两地小气候相似，43 年期间平均侵蚀模数分别为 2 743.362 t/（km$^2$·a）和 2 061.912t/（km$^2$·a），前者属中度侵蚀，后者属轻度侵蚀。根据野外调查，样点 S02 海拔比样点 S01 低 400 m 左右，地表植被覆盖度较高，有大量灌丛生长，是灌丛草甸，从而导致土壤保持功能相对较强。样点 S04 位于黑土滩区域，鼠害严重，根据剖面 $^{137}$Cs 分布曲线，本书只考虑其距地表 12 cm 以上土层中的 $^{137}$Cs 含量来计算其多年平均侵蚀模数，结果为 1 554.604t/（km$^2$·a），属于轻度侵蚀。同时，为了比较分析，作者根据样点 S04 整个剖面的 $^{137}$Cs 总量也进行了计算，结果为 −1 258.26 t/（km$^2$·a），反映该点为堆积。这说明在三江源黑土滩地区，应用 $^{137}$Cs 进行土壤侵蚀分析时，剔除鼠洞充填所导致的干扰十分重要，否则会得到与实际不符甚至相反的结果。

样点 S05 地表覆盖类型分别为高寒草甸，地表植被覆盖度高，43 年期间平均侵蚀模数为 250.338t/（km$^2$·a），属微度侵蚀。样点 S08 和样点 S09 是对照样点，均为高寒草甸，两采样点相距只有 20 m，但样点 S08 没有任何保护措施，受过度放牧影响严重，地表植被覆被度相对较低，草高 5 cm 左右。而样点 S09 被围栏保护多年，植被生长茂盛，草高 30 cm 左右，根系发达。从表 7-7 可以看出，样点 S08$^{137}$Cs 活度仅为样点 S09 的一半，43 年期间平均侵蚀模数为 3 350.232 t/（km$^2$·a），为中度侵蚀，而样点 S09 43 年期间平均侵蚀模数 872.495 t/（km$^2$·a），为轻度侵蚀。由此可以说明过度放牧会导致地表植被覆盖度下降，从而导致地表土壤被侵蚀。样点 S11 为谷地沼泽地，地表植被覆盖较好，侵蚀模数也较小，为轻度侵蚀。

样点 S07 和样点 S10 地表覆盖类型分别为高覆盖高寒草甸谷地和高覆盖河滩地地区，为堆积点，43 年期间平均年堆积量分别为 1 237.210 t/km$^2$ 和 1 562.790 t/km$^2$。

### 7.2.4　结论与讨论

（1）在长江、黄河源区高寒草甸土壤中，$^{137}$Cs 活度分布深度有以下规律：在背景值样点土壤剖面中，$^{137}$Cs 活度分布深度为 12 cm；在发生堆积的样点土壤剖面中，$^{137}$Cs 活度分布深度为 24 cm；在发生侵蚀的样点土壤剖面中，$^{137}$Cs 活度分布深度为 8～12 cm，但是在土壤质地较粗的样点 S02 土壤剖面中 $^{137}$Cs 活度分布深度达 18 cm；在黑土滩土壤剖面中，$^{137}$Cs 活度分布深度为 30 cm。

（2）在长江、黄河源区高寒草甸土壤中，$^{137}$Cs 活度分布形态有以下规律：在背景值样点和侵蚀样点的土壤剖面中，$^{137}$Cs 活度均呈负指数分布形态或近负指数分布形态，除土壤质地较粗的样点 S02 外，均是表层 0～4 cm 或 0～6 cm 土壤中 $^{137}$Cs 含量高，之后往下急剧降低；在堆积样点土壤剖面中，$^{137}$Cs 活度峰值出现在深度 4～8 cm 和 6～12 cm 处，峰值处往下呈负指数形态或近呈负指数形态分布；在黑土滩土壤剖面中，深度 0～12 cm $^{137}$Cs 活度分布呈负指数形态，深度 12～30 cm $^{137}$Cs 活度分布呈正指数形态，而且深度 8～12 cm 土壤中 $^{137}$Cs 含量非常低。

（3）1963—2006 年，长江流域达日县东端草皮层剥落的垭口东南阳坡（样点 S03）发生了强度侵蚀，侵蚀模数为 6 293.48t/（km$^2$・a），年侵蚀厚度为 0.43 cm；长江流域班玛县北端灌丛草甸覆盖的缓坡谷地（样点 S02）发生属轻度侵蚀，侵蚀模数 2 061.912t/（km$^2$・a），年侵蚀厚度为 0.18 cm；长江流域曲麻莱县南端未受保护和受保护的高寒草甸（样点 S08，样点 S09），分别发生中度和轻度侵蚀，侵蚀模数分别为 3 350.232 t/（km$^2$・a）和 872.495 t/（km$^2$・a），年侵蚀厚度分别为 0.30 cm 和 0.065 cm；长江流域称多县中部高覆盖草甸谷地（S07）发生堆积，年堆积量为 1 237.210 t/km$^2$，年堆积厚度为 0.093 cm；长江流域称多县中南部（S11）谷地沼泽化草甸发生轻度侵蚀，侵蚀模数为 828.717 t/（km$^2$・a），年侵蚀厚度为 0.13 cm；长江流域玉树县中北部（S10）高覆盖草地河滩地地区发生堆积，年堆积量为 1 562.790 t/km$^2$，年堆积厚度为 0.14 cm。

（4）1963—2006 年，黄河流域久治县中部（样点 S01）低覆盖草地缓坡谷地，发生中度侵蚀侵蚀模数为 2 743.362t/（km$^2$・a），年侵蚀厚度为 0.16 cm。黄河流域达日县东南端（样点 S04）缓坡麓黑土滩区域，鼠害严重，发生轻度侵蚀，侵蚀模数为 1 554.604 t/（km$^2$・a），年侵蚀厚度为 0.12 cm。黄河流域玛沁县西端（样点 S05）

高覆盖度草甸低丘坡麓，发生轻微侵蚀，侵蚀模数为 250.338 t/（$km^2$·a），年侵蚀厚度为 0.016 cm。

（5）黑土滩地区由于鼠洞土壤充填的原因，形成了特殊的 $^{137}Cs$ 活度分布形态，并且分布深度比背景样点土壤剖面中 $^{137}Cs$ 活度分布深度大一倍以上。在三江源地区，黑土滩面积广大，在应用 $^{137}Cs$ 进行土壤侵蚀分析时，剔除鼠洞充填所导致的干扰十分重要，否则会得到不正确甚至相反的结果。

（6）上述分析表明，在长江、黄河源高寒草甸区，土壤表面出现侵蚀过程还是堆积过程主要取决于地貌部位。其中，堆积过程主要发生在谷地和河滩地，侵蚀过程主要发生在坡地或缓坡谷地。而在土壤类型一致的情况下，土壤侵蚀的强度则主要取决于草地覆盖状况，覆盖度越低，侵蚀强度越大。高寒草甸的草皮层完全被破坏的草地，土壤发生强度侵蚀；高寒草甸覆盖度明显降低的低覆盖草地，发生中度侵蚀；高寒草甸覆盖度有所降低的中等覆盖草地，或者原来为中低覆盖草地、保护后现在为高覆盖的草地，发生轻度侵蚀；而中高覆盖度的高寒草甸草地，发生微度侵蚀。

上述研究结果，目前集中在对不同地貌类型和不同覆盖状况草地的土壤侵蚀特征的定量分析上，为满足今后估算区域土壤侵蚀量和分析该区域土壤侵蚀空间分异的需要，笔者将进一步设置更多的采样点，并且结合 GIS 和遥感信息，获得完整的区域分析结论。

在本研究的样品野外采集设计、样品预处理和结果分析过程中，得到了中国科学院地理科学与资源研究所胡云锋博士和齐永清博士的帮助，野外采样得到了青海省环境监测中心站任杰和郭世竞站长的帮助，在此表示衷心的感谢！

# 第八章

# 研究结论与展望

# 8.1　结论与讨论

本书在全国尺度上，利用气候、地形、土壤和植被等长时间序列数据，研究并改进了系列因子生成方法，完成了影响土壤侵蚀敏感性的土壤可蚀性、降雨侵蚀力、土壤湿度、风场强度、年降水量、大于0℃天数、土壤质地、地形起伏度和植被覆盖状况9个因子的计算，然后依据改进的指标体系和评价方法，对1990—2005年我国陆地表层土壤水力、风力和冻融侵蚀敏感性进行了评价，进而分析了土壤侵蚀敏感性变化的驱动力，以及各类生态系统宏观结构变化对土壤侵蚀敏感性变化的影响。同时在内蒙古兴安盟和青海长江、黄河源头典型区进行了土壤侵蚀研究，取得主要研究结论如下。

## 8.1.1　土壤侵蚀敏感性评价因子方面

（1）降雨侵蚀力较小地区主要在我国北部和西北部，降雨侵蚀力较大地区主要在我国南部和东南部，降雨侵蚀力从我国东南向西北逐渐减小。另外，青藏高原南部海拔地区受西南季风天气影响，降水量较大，降雨对土壤的侵蚀能力也较强。甘新地区降雨侵蚀力均值最小，内蒙古及长城沿线地区、青藏高原地区降雨侵蚀力均较小；华南地区降雨侵蚀力最大，长江中下游地区和西南地区降雨侵蚀力均较大。

（2）中国土壤可蚀性$K$值平均为0.035，土壤可蚀性$K$值在0～0.09之间变化。中国地区土壤可蚀性$K$值较高地区主要分布于北方和西北地区，包括新疆、内蒙古中西部、甘肃、宁夏、陕西和山西北部等地区；$K$值较低地区主要分布于东北地区、南部和东南地区，包括黑龙江、吉林和东南沿海的广东、福建等地区。青藏高原北部地区土壤可蚀性$K$值较大，南部地区$K$值较小。土壤可蚀性$K$值平均值最高的分区是黄土高原区，其次为甘新地区和黄淮海地区；土壤可蚀性$K$值平均值最低的分区是东北地区，其次为华南地区和长江中下游地区。

（3）风场强度较大地区主要分布在我国北部、西北部和青藏高原，风场强度较小地区主要分布在我国南部和东南部，风场强度从我国东南向西北逐渐增大，青藏高原中、北部地区是大风中心。浙江、广东和海南岛地区风场强度较大。整体上，2005年中国陆地表层风场强度较其他几期小。长江中下游地区风场强度均值最小，西南地区、华南地区地区风场强度均值较小；青藏高原地区风场强度均值最大，甘新地区、内蒙古及长城沿线地区风场强度均值较大。

（4）土壤湿度较高地区主要分布在我国南部、东南部，少数年份青藏高原南部和东北地区土壤湿度也较高；土壤湿度较小地区主要分布在我国北部和西北部，以及青藏高原中部和北部地区。在空间分布上，土壤湿度从我国东南部向西北部逐渐减小，西北地区塔克拉玛干大沙漠及其附近地区是土壤干燥中心。长江中下游地区土壤湿度均值最大，西南地区、华南地区土壤湿度均值较大；甘新地区土壤湿度均值最小，青藏高原地区、内蒙古及长城沿线地区土壤湿度均值较小。

（5）年降水量较大地区主要分布在我国南部、东南部；年降水量较小地区主要分布在我国北部和西北部，以及青藏高原中部和北部地区。在空间分布上，年降水量从我国东南部向西北部逐渐减小，西北地区塔克拉玛干大沙漠及其附近地区年降水量最低。华南地区年降水量均值最大，长江中下游地区、西南地区年降水量均值较大；甘新地区年降水量均值最小，内蒙古及长城沿线地区、东北地区年降水量均值较小。青藏高原地区年降水量在各区中处于中等水平。

（6）大于0℃天数较多地区主要分布在我国南部、东南部；大于0℃天数较少地区主要分布在我国东北部和西北部，以及青藏高原中部和北部地区，在秦岭—淮河附近有明显界线。在空间分布上，大于0℃天数从我国东南部向西北部逐渐减少。长江中下游地区大于0℃天数均值最多，华南地区、西南地区大于0℃天数均值较多；青藏高原地区大于0℃天数均值最少，内蒙古及长城沿线地区、东北地区大于0℃天数均值较少。

（7）地形起伏度较大地区主要分布在我国西南部、东南部和青藏高原；地形起伏度较小地区主要分布在我国华北平原和西北部、以及东北平原地区。青藏高原地区地形起伏度较大的面积较多，其次是西南地区，这两个地区较易形成冻融侵蚀和水力侵蚀；而西北地区地形起伏度较小，有利于形成风力侵蚀作用 。

（8）高覆盖草地主要分布在青藏高原东部、内蒙古东部和北部，以及天山地区附近。南方草地零星分布地区草地覆盖度也比较高。低覆盖草地主要分布在青藏高原西部、内蒙古中西部地区。中覆盖草地主要分布在高覆盖草地和低覆盖草地过渡地区。植被覆盖敏感性指数较低地区主要分布在我国东部、东南部；植被覆盖敏感性指数较高地区主要分布在我国北部和西北部，以及青藏高原北部地区。在空间分布上，植被覆盖敏感性指数从我国东南部向西北部逐渐增加，这与我国的年降水量格局基本一致。长江中下游地区植被覆盖敏感性指数均值最小，华南地区、东北地区植被覆盖敏感性指数均值较小；甘新地区植被覆盖敏感性指数均值最大，青藏高原地区、内蒙古及长城沿线地区植被覆盖敏感性指数均值较大。

（9）土壤质地敏感性较小地区主要分布在我国华北平原、东南部；土壤质地敏感性较大地区主要分布在我国北部和西北部，以及青藏高原北部。黄土高原地区土壤质地敏感性指数均值最大，甘新地区、内蒙古及长城沿线地区土壤质地敏感性指数均值较大，这种状况有利于土壤侵蚀现象发生；黄淮海地区土壤质地敏感性指数均值最小，东北地区、长江中下游地区土壤质地敏感性指数均值较小，这种状况不利于土壤侵蚀现象发生。

### 8.1.2 土壤侵蚀敏感性的格局特征方面

（1）空间上我国土壤水力侵蚀敏感性较高地区主要分布在北方的黄土高原地区。这是由于该地区土壤质地较松散、土壤可蚀性较强，再加上地形起伏度较高、植被覆盖较差，很容易导致水土流失。我国西南部和东南部地区，土壤水力侵蚀敏感性也较高，这是这些地区年降水量较多，而且地形起伏度较高的缘故。时间上，我国陆地表层土壤水力侵蚀敏感性总体呈现下降趋势。

（2）空间上我国土壤风力侵蚀敏感性较高地区主要分布在北方的内蒙古、新疆和甘肃地区。这是由于这些地区土壤质地较松散、土壤可蚀性较强，再加上地形起伏度较低、植被覆盖较差、土壤湿度较低以及风场强度较大，很容易导致土壤风蚀。我国青藏高原北部柴达木盆地土壤风蚀条件不如上述地区好，但土壤风力侵蚀敏感性也不低。时间上，我国陆地表层土壤风力侵蚀敏感性总体呈现上升趋势。

（3）空间上，我国土壤冻融侵蚀敏感性较高地区主要分布在青藏高原中部地区。这是由于该地区植被覆盖较差、地形起伏度较高、大于0℃天数较少，很容易导致冻融侵蚀。时间上，我国陆地表层土壤冻融侵蚀敏感性总体上呈现不断下降的趋势，初步推断，这种现象可能与全球变暖有关。

（4）我国土壤水力侵蚀敏感性最高的地区为黄土高原地区，该地区水土流失亟须治理，西南地区、内蒙古及长城沿线地区土壤水力侵蚀敏感性也较高。我国土壤风力侵蚀敏感性最高的地区为甘新地区，当地防风固沙工程亟须开展。黄土高原、青藏高原和内蒙古及长城沿线地区土壤风力侵蚀敏感性也较高。我国土壤冻融侵蚀敏感性较高地区为黄土高原、青藏高原和东北地区。

### 8.1.3 土壤侵蚀敏感性与陆地生态系统变化的关系及驱动力方面

（1）中国的水力侵蚀区总体表现为农田生态系统土壤侵蚀敏感性最低，其次为森林生态系统，草地生态系统土壤侵蚀敏感性较高。自20世纪90年代初以来，我国大部分水力侵蚀区表现为土壤侵蚀敏感性下降的趋势，生态系统水土保持功能提高。仅有华南地区森林和草地生态系统、甘新地区草地生态系统、长江中下游地区森林和草地生态系统、青藏高原地区森林和草地生态系统、黄淮海地区草地生态系统表现为土壤侵蚀敏感性有上升趋势、水土保持功能降低。在生态系统类型转换，即水体与湿地转成草地生态系统、水体与湿地转成农田生态系统的过程中，土壤水力侵蚀敏感性总体上增加，不利于水土保持。草地转成水体与湿地生态系统、农田转成水体与湿地生态系统以及农田转成森林生态系统的过程中，土壤水力侵蚀敏感性普遍减少，有利于水土保持。

（2）中国的风力侵蚀区总体表现为农田生态系统土壤侵蚀敏感性最低，其次为森林生态系统，草地生态系统土壤侵蚀敏感性较高，荒漠生态系统土壤侵蚀敏感性最高。自 20 世纪 90 年代初以来，我国大部分风力侵蚀区表现为土壤侵蚀敏感性上升的趋势，生态系统土壤保护功能降低。在典型生态系统转换，即草地转成荒漠生态系统、水体与湿地转成草地生态系统、水体与湿地转成荒漠生态系统、农田转成荒漠生态系统的过程中，土壤风力侵蚀敏感性普遍增加，不利于土壤保护。荒漠转成草地生态系统、草地转成水体与湿地生态系统、荒漠转成水体与湿地生态系统、荒漠转成农田生态系统的过程中，土壤风力侵蚀敏感性普遍减少，有利于土壤保护。

（3）冻融侵蚀区农田生态系统土壤侵蚀敏感性最小，其次为森林生态系统，草地生态系统土壤侵蚀敏感性较高，荒漠生态系统土壤侵蚀敏感性最高。

（4）水力侵蚀区降雨侵蚀力变化与土壤水力侵蚀敏感性变化之间表现为极显著相关关系，降雨侵蚀力变化是土壤水力侵蚀敏感性变化的主要驱动因子；风力侵蚀区土壤湿度、风场强度与土壤风力侵蚀敏感性变化表现为极显著相关关系，是土壤风力侵蚀敏感性变化的第一、第二位的主要驱动因子，而植被覆盖状况与土壤风力侵蚀敏感性变化表现为显著相关关系，是第三位的重要驱动因子；冻融侵蚀区日平均气温大于 0℃的天数与土壤冻融侵蚀敏感性变化表现为极显著相关关系，是第一位的主要驱动因子，植被覆盖状况与土壤冻融侵蚀敏感性变化表现为显著相关关系，是第二位的重要驱动因子。

### 8.1.4 典型区土壤侵蚀研究

总体上，内蒙古兴安盟地区为土壤轻度侵蚀，土壤侵蚀模数较高地区主要分布在研究区东部和南部地区，北部和中部地区土壤侵蚀模数较低。1990 年，土壤侵蚀模数最高，为 9.15 t/hm$^2$，2005 年下降为 2.38 t/hm$^2$，其下降过程主要受降雨侵蚀力和植被覆盖因子综合影响。兴安盟地区 0～200 m 海拔区间内土壤侵蚀模数最高，随着海拔升高，土壤侵蚀模数下降较快。200～400 m 海拔区间土壤年侵蚀总量最大。1990—2005 年研究区各海拔区间土壤侵蚀模数均呈下降趋势，到 2005 年，只有 0～400 m 海拔区间内土壤侵蚀强度仍然为轻度侵蚀以上，因此 0～400 m 海拔区间内是该区未来水土保持工作的重点治理区域。兴安盟地区土地利用类型中水田和林地土壤侵蚀模数较低，其次是旱地和草地，沙地与盐碱地土壤侵蚀模数最高。1990—2005 年，各土地利用类型土壤侵蚀模数均呈下降趋势，沙地与盐碱地下降幅度最小，草地侵蚀强度仍然为轻度侵蚀，且土壤年侵蚀量最大。因此，沙地与盐碱地、草地也是该区未来水土保持工作的重点治理区域。本书中的研究结果比较可靠，与前人的结果比较一致。

在长江、黄河源高寒草甸区，土壤表面出现侵蚀过程还是堆积过程主要取决于地貌部位。其中，堆积过程主要发生在谷地和河滩地，侵蚀过程主要发生在坡地或缓坡谷地。而在土壤类型一致的情况下，土壤侵蚀的强度则主要取决于草地覆盖状况，覆盖度越低，侵蚀强度越大。高寒草甸的草皮层完全被破坏的草地，土壤发生强度侵蚀；高寒草甸覆盖度明显降低的低覆盖草地，发生中度侵蚀；高寒草甸覆盖度有所降低的中等覆盖草地，或者原来为中低覆盖草地、保护后现为高覆盖的草地，发生轻度侵蚀；而中高覆盖度的高寒草甸草地，发生微度侵蚀。

## 8.2　研究不足

本研究在全国尺度上，利用气候、地形、土壤和植被等长时间序列可靠数据，综合、改进和发展了指标体系和评价方法，对 1990—2005 年我国陆地表层土壤水力、风力和冻融侵蚀敏感性进行了评价，虽然取得了一定的成果，但存在以下几个方面的不足。

（1）某些空间数据分辨率不够高，影响了评价结果。例如，土壤表层湿度数据分辨率为 25 km × 25 km。黄土高原地区的地貌特点是千沟万壑，本书使用的是 90 m 分辨率的 DEM 数据，不能完全刻画黄土高原地区的地形起伏度。

（2）评价因子分级区间还有待进一步研究。本书评价因子分级是基于生态系统敏感性评价方法，根据专家经验进行分级，分级区间大致能够反映土壤侵蚀敏感性，但若要形成行业规范，还需经过专家讨论、商榷。另外，各评价因子权重需要进一步研究。

## 8.3 研究展望

我国是世界上土壤侵蚀最严重的国家之一，土壤侵蚀问题是我国面临的重要环境问题。在土壤侵蚀敏感性评价过程中，许多问题还有待进一步深入研究和探讨，建议从以下几方面予以重视。

（1）提高土壤侵蚀敏感性评价因子数据的空间分辨率，大力发展高分辨率遥感数据，利用遥感反演获得评价因子数据，以此替代传统的低分辨率的台站观测数据。

（2）充分发挥计算机解决复杂系统科学问题的强项，应用数理统计、神经网络和多主体人工智能等方法，确定土壤侵蚀敏感性评价各因子权重，发展土壤侵蚀敏感性评价模型。

（3）加强土壤侵蚀敏感性评价与土壤侵蚀强度实测数据的关系的研究，提升土壤侵蚀敏感性评价结果的可验证性，以及对土壤侵蚀敏感性评价不确定性分析的水平。

（4）加强土壤侵蚀敏感性驱动机制的研究，力求实现对自然和人文驱动力的定量化分析，以有效指导保护与恢复生态系统功能的各项人类活动。

# 参考文献


[1] Anderson H W. Suspended sediment discharge as related to stream flow, topography, soil and land used[J]. American Geographical Union, 1954, 35: 268–281.

[2] Bagarello, V, D'Asaro, F. Estimating single storm erosion index[J]. Transactions of the American Society of Agricultural Engineers, 1994, 37(3): 785–791.

[3] Bagnold R A. A further journey through the Libyan Desert[J]. Geographical Journal, 1933, 82: 103–129.

[4] Bagnold R A. The measurement of sand storms[J]. Proceeding of the Royal Society of London (Series A), 1938, 167(929): 282–291.

[5] Bagnold R A. The physics of blown sand and desert dunes[M]. London: Methuen and Co., 1941, 1–40.

[6] Bagnold R A. The size-grading of sand by wind[J]. Proceeding of the Royal Society of London (Series A), 1937, 163(913): 250–264.

[7] Bagnold R A. The transport of sand by wind[J]. Geographical Journal, 1937, 89: 409–438.

[8] Bagnold R.A. The movement of desert sand[J]. Geographical Journal, 1935, 85: 342–369.

[9] Bennet H H. Some comparisons of properties of humid-temperate american soils with special reference to indicated relations between chemical composition and physical properties[J]. Soil Sci., 1926, 21: 349–375.

[10] Bouyoucos G J. The clay ratio as a criterion of susceptibility of soils to erosion[J]. Journal of American Society of Agronomy, 1935, 27: 738–741.

[11] Brown L C, G R Foster. Storm erosivity using idealized intensity distribution[J]. Trans. ASAE, 1987, 30: 379–386.

[12] Chepil, W S. Dynamics of wind erosion-3: the transport capacity of wind[J]. Soil Sci Soc Am J., 1945, 60: 475–480.

[13] Cole G W, L Lyles, L J Hagen. A simulation model of daily wind erosion soil loss[J]. Trans. Am. Soc. Agric. Engrs., 1983, (36): 1758–65.

[14] Dusan Z. Soil Erosion, developments in Soil Science[M].New York, 1982, 10: 164–166.

[15] Ellison W D. Studies of raindrop erosion[J]. Agricultural Engineering, 1944, 25: 131–136, 181–182.

[16] Elsenbeer H, Cassel D K, Tinner W. A daily rainfall erosivity model for western Amazonia[J]. Journal of Soil and Water Conservation, 1993, 48(5): 439–444.

[ 17 ] Free E E. The movement of soil material by the wind. Pye K. Tsoar H. Aeolian sand and sand dunes[M]. London: Unwin Hyman, 1990. 45–78.

[ 18 ] Free G R. Erosion characteristics of rainfall[J]. Agricultural Engineering, 1960, 41(7): 447–449, 455.

[ 19 ] Fryrear D W, Lyles L. Wind erosion research accomplishments and needs[J]. Transactions of the ASAE, 1977, 20(5): 916–918.

[ 20 ] Fryrear D W, Saleh A, Bilbro J D. RevisedW ind Erosion Equation[M]. Washington DC: USDA, 1998.

[ 21 ] Hagen L J. A wind erosion prediction system to meet user needs[J]. Journal of Soil and Water Conservation, 1991, 46(2): 106–111.

[ 22 ] Haith D A, Merrill D E. Evaluation of a daily erosivity model[J]. Transactions of the ASAE, 1987, 30(1): 90–93.

[ 23 ] Hedin S A. Central Asia and Tibet: towards the holy city of Lassa (two volumes)[M]. Cook, Warren, Goudie. Desert Geomorphology. London: UCL Press, 1993. 53–89.

[ 24 ] Hudson N. Soil Conservation[J]. Cornell University Press, Ithaca. 1971.

[ 25 ] Laws O J, D A. Parsons. The relation of raindrop–size to intensity[J]. Trans. AGU, 1943, 24: 452–260.

[ 26 ] Laws O J. Measurement of fall velocity of water drops and rain drops[J]. Trans. AGU, 1941, 22: 709–721.

[ 27 ] Mannering J V. The relationships of some physical and chemical properties of soils to surface sealing[M]. Purdue University, Dissertation, 1967.

[ 28 ] Meyer L D. Evolution of the Universal Soil Loss Equation[J]. J. Soil and Water Cons, 1984, 32(2): 99–104.

[ 29 ] Middleton H E. Properties of soils which influence soil erosion [ EB ] . USDSA, Technical Bulletin, 1930, 173: 16.

[ 30 ] Mihara Y. Raindrops and soil erosion [ EB ] . Bulltin of Natural Institute of Agricultural Science Series A–1., 1951.

[ 31 ] Olson T C, Wischmeier W H. Soil erodibility evaluations for soils on the runoff and erosion stations[J]. Soil Science, 1963, 27: 590–592.

[ 32 ] Owens P N, Walling D E, He Q P. The behaviour of bomb–derived caesium–137 fallout in catchment soils[J]. Journal of Environmental Radioactivity, 1996, 32(3): 169–191.

[ 33 ] Peel T C. The relation of certain physical characteristics to the erodibility of soils[J]. Soil Science Society Proceedings, 1937, 2: 79–84.

[ 34 ] Petkovsek G, Mikos M. Estimating the R factor from daily rainfall data in the sub–Mediterranean climate of southwest Slovenia[J]. Hydrological Sciences Journal, 2004, 49 (5): 869–877.

[35] Quine T A, Navas A, Walling D E, et al. Soil-erosion and redistribution on cultivated and uncultivated land near Las-Bardenas in the central Ebro river basin, Spain[J]. Land Degradation and Rehabilitation, 1994, 5(1): 41-55.

[36] Renard K G, Foser G R, Weesies G A, et al. Predicting soil erosion by water: A guide to conservation planning with the revised universal soil loss equation (RUSLE). Agriculture Handbook No. 703. U. S. Department of Agriculture. Washington, DC., 1997.

[37] Renard K G, Foster G R. Soil conservation: Principles of erosion by water[J]. In H.E. Dregne and W.O. Willis, eds., Dryland Agriculture, pp. 155-176. Agronomy Monogr. 23, Am. Soc. Agron., Crop Sci. Soc. Am., and Soil Sci. Soc. Am., Madison, Wisconsin. 1983.

[38] Renard K G, Foster G R, Weesies G A, et al. RUSLE: revised Universal Soil Loss Equation[J]. Journal of Soil and Water Conservation, 1991, 46, 30-33.

[39] Richardson C W, Foster G R, Wright D A. Estimation of Erosion Index from Daily Rainfall Amount[J]. Transactions of the American Society of Agricultural Engineers 1983, 26, 153-160.

[40] Rogowshi A S, Tamura T. Movement of $^{137}$Cs by runoff, erosion and infiltration on the alluvial captina silt loam[J]. Health Physics, 1965, 11(12): 1333-3340

[41] Shao Y P, M R Raupach, J F Leys. A model for prediction Aeolian sand drift and dust entrainment on scales form paddock to region[J]. Australia Journal of Soil Research, 1996, 34: 39-42.

[42] Sheridan J M, Davis F M, Mester M L, et al. Seasonal distribution of rainfall erosiovity in peninsular Florida[J]. Transactions of the ASAE, 1989, 32(5): 1555-1560.

[43] Tamura T, Jacobs D G. Structural implications in cesium sorption[J]. Health Physics, 1960, 6(2): 391-398.

[44] Wischmeier W H. A rainfall erosion index for a universal soil loss equation[J]. Soil Sci. Soc. Am. Proc., 1959, 23: 246-249.

[45] Wischmeier W H. Punched cards record runoff and soil-loss data[J]. Agric. Eng., 1955, 36: 664-666.

[46] Wischmeier W H. Upslope erosion analysis[J]. In environmental Impact on Rivers, 1972, 15-1: 15-26. Water Resour. Publ., Collins, Colorado.

[47] Wischmeier W H. Use and misuse of the universal soil loss equation[J]. Journal of Soil and Water Conservation, 1976, 31: 5-9.

[48] Wischmeier W H, Johnson C B, Cross B V. A soil erodibility nomograph for farmland and construction sites[J]. J. Soil and Water Conserv., 1971, 26: 189-193.

[49] Wischmeier W H, Mannering J V. Relation of soil properties to its erodibility[J]. Soil

Sci. Soc. Am. Proc., 1969, 33: 131-137.

[ 50 ] Wischmeier W H, Smith D D. A universal soil loss equation to guide conservation farm planning[J]. Trans. 7th International Cong. Soil Sci, 1960, 1: 418-425.

[ 51 ] Wischmeier W H, Smith D D. Predicting Rainfall Erosion Losses : A Guide to Conservation Planning[J]. U. S. Dep. Agric. Agric. Handb, 1978: 537.

[ 52 ] Wischmeier W H, Smith D D. Predicting rainfall-erosion losses from cropland east of the Rocky Mountains[J]. USDA Agricultural Handbook, No. 282, 1965.

[ 53 ] Wischmeier W H, Smith D D. Rainfall energy and its relationship to soil loss[J]. Trans. AGU, 1958a, 39: 285-291.

[ 54 ] Wischmeier W H, Smith D D, Uhland R E. Evaluation of factors in the soil loss equation[J]. Agric. Eng., 1958b, 39: 458-462, 474.

[ 55 ] Woodburn R, Kozachyn J. Study of relative erodibility of a group of Mississippi gully soils[J]. Transactions of American Geophysical Union, 1956, 37: 749-753.

[ 56 ] Woodruff N P, Siddoway F H. A wind erosion equation[J]. Soil Sci Soc Amer Proc, 1965, 29: 602-608.

[ 57 ] Yu B. Rainfall erosivity and its estimation for Australia's tropics[J]. Australian Journal of Soil Research, 1998, 36(1): 143-165.

[ 58 ] Yu B, Hashim G M, Eusof Z. Estimating the R-factor with limited rainfall data: a case study from peninsular Malaysia[J]. Journal of Soil and Water Conservation, 2001, 56: 101–105.

[ 59 ] Yu B, Rosewell C J. A robust estimator of the R factor for the universal soil loss equation[J]. Transactions of the ASAE, 1996b, 39: 559–561.

[ 60 ] Yu B, Rosewell C J. An assessment of daily rainfall erosivity model for New South Wales[J]. Australian Journal of Soil Research (Aust. J. Soil Res.), 1996a, 34: 139–152.

[ 61 ] Yu B, Rosewell C J. Rainfall erosivity estimation using daily rainfall amounts for South Australia. Australian Journal of Soil Research (Aust. J. Soil Res.), 1996c, 34: 721–733.

[ 62 ] Zhang Chuanlai, GONG Jirui, ZOU Xueyong, et al. Estimates of soil movement in a study area in Gonghe Basin, north-east of Qinghai-Tibet Plateau[J]. Journal of Arid Environments, 2003, 53: 285-295.

[ 63 ] Zhang X B, Quine T A, Walling D E, et al. Application of the Caesium-137 technique in a study of soil erosion on gully slopes in a Yuan area of the loess plateau near Xifeng, Gansu Province, China[J]. Geografiska Annaler, 1994, 76A: 103-210.

[ 64 ] Zhang X, Higgitt D L, Walling D E. A preliminary assessment of the potential for using caesium-137 to estimate rates of soil erosion in the Loess Plateau of China[J]. Hydrological Science Journal, 1990, 35: 267-276.

[ 65 ] 曾凌云，汪美华，李春梅 . 基于 RUSLE 的贵州省红枫湖流域土壤侵蚀时空变化特

征 [J]. 水文地质工程，2011，38(2): 113-118.

[ 66 ] 陈法扬，王志明 . 通用水土流失方程在小良水土保持试验站上的应用 [J]. 水土保持通报，1992，12(1): 22-41.

[ 67 ] 陈桂琛，卢学峰，彭敏，等 . 青海省三江源区生态系统基本特征及其保护 [J]. 青海科技 . 2003，4: 14-17.

[ 68 ] 陈建军，张树文，李洪星，等 . 吉林省土壤侵蚀敏感性评价 [J]. 水土保持通报，2005，(3)49-53.

[ 69 ] 陈燕红，潘文斌，蔡芫镔 . 基于 RUSLE 的流域土壤侵蚀敏感性评价——以福建省吉溪流域为例 [J]. 山地学报，2007(4): 490-496.

[ 70 ] 陈永宗 . 我国土壤侵蚀研究工作的新进展 [J]. 中国水土保持，1989(9): 9-13，64.

[ 71 ] 范昊明，蔡强国 . 冻融侵蚀研究进展 [J]. 中国水土保持科学 . 2003，1(4): 50-55.

[ 72 ] 方华军，杨学明，张晓平，等 . $^{137}$Cs 示踪技术研究坡耕地黑土侵蚀和沉积特征 [J]. 生态学报，2005，25(6): 1376-1382.

[ 73 ] 付华，李俊彦 . 内蒙古兴安盟旅游资源单体的特征与开发 [J]. 地理研究，2010，29(3): 565-573.

[ 74 ] 傅伯杰，陈利顶 . 小流域土壤侵蚀危险评价研究 [J]. 水土保持学报，1993(2): 16-19，62.

[ 75 ] 傅伯杰，赵文武，陈利顶，等 . 多尺度土壤侵蚀评价指数 [J]. 科学通报，2006(16): 1936-1943.

[ 76 ] 龚绪龙，孙自永 . 额济纳盆地绿洲风蚀荒漠化危险性分析 [J]. 内蒙古科技与经济，2007(12): 32-33.

[ 77 ] 关君蔚 . 水土保持原理 [M]. 北京：中国林业出版社 . 1996.

[ 78 ] 哈德逊 . 土壤保持 [M]. 北京：科学出版社，1975.

[ 79 ] 胡云锋，刘纪远，庄大方，等 . 风蚀土壤剖面 $^{137}$Cs 的分布及侵蚀速率的估算 [J]. 科学通报，2005，50(9): 933-937.

[ 80 ] 胡云锋 . 中国北方风力侵蚀过程及其对土壤碳库的影响研究 [J]. 中国科学院研究生院，2005.

[ 81 ] 贾丹，赵永军，黄军荣，等 . 北京市大兴区风蚀危险度评价 [J]. 水土保持通报，2009(6): 144-147.

[ 82 ] 景国臣 . 冻融侵蚀的类型及其特征研究 [J]. 中国水土保持 SWCC，2003(10): 17-18.

[ 83 ] 柯克比，摩根 . 土壤侵蚀 [M]. 北京：水利电力出版社，1987.

[ 84 ] 拉尔 . 可蚀性和侵蚀性、土壤侵蚀研究方法 [M]. 水土保持学会、黄河水利委员会宣传出版中心译 . 北京：科学出版社，1991：137-146.

[ 85 ] 李辉霞，刘淑珍，钟祥浩，等 . 基于 GIS 的西藏自治区冻融侵蚀敏感性评价 [J]. 中国水土保持，2005(7): 44-46.

[86] 李连捷，何金海．嘉陵江流域之土壤侵蚀及防淤问题．土壤季刊，1946，5(2): 102-110.

[87] 李苗苗．植被覆盖度的遥感估算方法研究 [D]. 北京：中国科学院研究生院，2003.

[88] 李玉环，王静，张继贤．基于 RUSLE 水蚀模数演算与人工神经网络评价 [J]. 应用生态学报，2006，6(17): 1019-1026.

[89] 李元寿，王根绪，王军德，等．$^{137}$Cs 示踪法研究青藏高原草甸土的土壤侵蚀 [J]. 山地学报，2007，25(1): 114-121.

[90] 梁海超，师华定，白中科，等．中国北方典型农牧交错区的土壤风蚀危险度研究 [J]. 地球信息科学学报，2010，(4): 510-516.

[91] 刘宝元，谢云，张科利，等．土壤侵蚀预报模型 [J]. 北京：中国科学技术出版社．2001.

[92] 刘宝元，毕小刚，符素华，等．北京土壤流失方程 [J]. 北京：科学出版社．2010.

[93] 刘纪远，布和敖斯尔．中国土地利用变化现代过程时空特征的研究——基于卫星遥感数据 [J]. 第四纪研究，2000，20(3): 231-232.

[94] 刘纪远，刘明亮，庄大方，等．中国近期土地利用变化的空间格局分析 [J]. 中国科学（D 辑），2002，32(12): 1033-1034.

[95] 刘纪远，张增祥，徐新良，等．21 世纪初中国土地利用变化的空间格局与驱动力分析 [J]. 地理学报，2009，64(12): 1411-1420.

[96] 刘纪远，张增祥，庄大方，等．中国土地利用变化的遥感时空信息研究 [M]. 北京：科学出版社，2005：54-268.

[97] 刘善建．天水水土流失测验与分析 [J]. 科学通报，1953，12：59-65.

[98] 刘新华，杨勤科，汤国安．中国地形起伏度的提取及在水土流失定量评价中的应用 [J]. 水土保持通报，2001，21(1): 57-62.

[99] 卢远，华璀，周兴．基于 GIS 的广西土壤侵蚀敏感性评价 [J]. 水土保持研究，2007(1): 98-100.

[100] 马志尊．应用卫星影像估算通用土壤流失方程各因子值方法的探讨 [J]. 中国水土保持，1989(3): 24-27.

[101] 美国土壤保持协会．土壤侵蚀预报与控制 [M]. 北京：农业出版社．1981.

[102] 莫斌，朱波，王玉宽，等．重庆市土壤侵蚀敏感性评价 [J]. 水土保持通报，2004(5): 45-48，59.

[103] 彭建，李丹丹，张玉清．基于 GIS 和 RUSLE 的滇西北山区土壤侵蚀空间特征分析——以云南省丽江县为例 [J]. 山地学报，2007，25(5): 548-556.

[104] 濮励杰，包浩生，彭补拙，等．137Cs 应用于中国西部风蚀地区土地退化的初步研究：以新疆库尔勒地区为例 [J]. 土壤学报，1998，35(4): 441-449.

[105] 齐永青，张信宝，贺秀斌，等．中国 137Cs 本底值区域分布研究 [J]. 核技术，2006，29(1): 42-50.

[ 106 ] 齐永青 . 蒙古高原土壤风蚀及其生态效应研究 [J]. 中国科学院研究生院，2008.
[ 107 ] 邵明安 . 土壤物理学 [M]. 北京：高等教育出版社，2006：1-20.
[ 108 ] 师华定，高庆先，庄大方，等 . 基于径向基函数神经网络（RBFN）的内蒙古土壤风蚀危险度评价 [J]. 环境科学研究，2008，(5): 129-133.
[ 109 ] 师华定，梁海超，齐永清，等 . 风蚀危险性评价研究综述 [J]. 资源与产业，2010，12(5): 43-49.
[ 110 ] 师华定 . 蒙古高原塔里亚特 - 锡林郭勒样带土壤风蚀研究：基于同位素技术和地理信息技术 [M]. 北京：中国科学院研究生院，2007.
[ 111 ] 孙其诚，王光谦 . 沙粒起跃的动态模拟 [J]. 中国沙漠，2001，21（增刊）：17-21.
[ 112 ] 孙秀美，孙希华，冯军华 . 沂蒙山区土壤侵蚀敏感性评价 [J]. 水土保持通报，2007(3): 84-87，92.
[ 113 ] 汤小华，王春菊 . 福建省土壤侵蚀敏感性评价 [J]. 福建师范大学学报（自然科学版），2006(4): 1-4.
[ 114 ] 唐克丽 . 中国水土保持 [M]. 北京：科学出版社，2004.
[ 115 ] 唐克丽 . 中国土壤侵蚀与水土保持学的特点及展望 [J]. 水土保持研究，1999，6(2): 2-7.
[ 116 ] 王礼先 . 水土保持学 [M]. 北京：中国林业出版社，1995.
[ 117 ] 吴靖尧 . 兴安盟“三区”土壤侵蚀变化趋势及防治对策 [J]. 内蒙古水利，2002(1): 52-60.
[ 118 ] 吴楠，高吉喜，苏德毕力格，等 . 不同土地利用 / 覆被情景下生态系统减轻水库泥沙淤积的服务能力与经济价值模拟 [J]. 生态学报，2009，29(11): 5912-5922.
[ 119 ] 肖桐 . 三江源草地典型坡面土壤侵蚀特征研究 [D]. 北京：中国科学院研究生院，2010.
[ 120 ] 谢云，刘宝元，章文波 . 侵蚀性降雨标准研究 [J]. 水土保持学报，2000，14(4): 6-11.
[ 121 ] 谢云，章文波，刘宝元 . 用日雨量和雨强计算降雨侵蚀力 [J]. 水土保持通报，2001，21(6): 53-56.
[ 122 ] 熊顺贵 . 基础土壤学 [M]. 北京：中国农业大学出版社，2001：1-5.
[ 123 ] 严平，董光荣，张信宝，等 . $^{137}$Cs 法测定青藏高原土壤风蚀的初步结果 [J]. 科学通报，2000，45(2): 199-204.
[ 124 ] 严平，董光荣，张信宝，等 . 青海共和盆地土壤风蚀的 $^{137}$Cs 法研究（Ⅱ）：$^{137}$Cs 背景值与风蚀速率测定 [J]. 中国沙漠，2003，23(4): 391-397.
[ 125 ] 杨光华，包安明，陈曦，等 . 基于 RBFN 模型的新疆土壤风蚀危险度评价 . 中国沙漠，2010(5): 1137-1145.
[ 126 ] 杨广斌，李亦秋，安裕伦 . 基于网格数据的贵州土壤侵蚀敏感性评价及其空间分异 [J]. 中国岩溶，2006(1): 73-78.

[127] 杨秀春，严平，刘连友．土壤风蚀研究进展及评述 [J]. 干旱地区农业研究．2003，21(4): 147-153.

[128] 杨永峰，王百田，孙希华，等．山东省土壤侵蚀敏感性分析 [J]. 水土保持研究，2009，16(3): 43-47.

[129] 姚好，张沛，严力蛟，等．基于 RUSLE 和景观安全格局的土壤侵蚀风险格局——以甘肃省甘南藏族自治州迭部县为例 [J]. 水土保持通报，2011，31(3): 161-167.

[130] 张春来，邹学勇，董光荣，等．干草原地区土壤沉积 $^{137}Cs$ 特征 [J]. 科学通报，2002，47(3): 221-225.

[131] 张东云，李会川，王茜．基于 GIS 技术的河北省土壤侵蚀敏感性分区研究 [J]. 邯郸学院学报，2006(3): 87-90.

[132] 张建国，刘淑珍，范建容．基于 GIS 的四川省冻融侵蚀界定与评价 [J]. 山地学报，2005，23(2): 248-253.

[133] 张建国，刘淑珍，杨思全．西藏冻融侵蚀分级评价 [J]. 地理学报，2006，61(9): 911-918.

[134] 张建国，刘淑珍．西藏冻融侵蚀空间分布规律 [J]. 2008，15(5): 1-6.

[135] 张荣华，刘霞，姚孝友，等．桐柏大别山区土壤侵蚀敏感性评价及空间分布．中国水土保持科学，2010，8(1): 58-64.

[136] 张淑华，周利军，张雪萍．基于 RUSLE 和 GIS 的绥化市土壤侵蚀评估 [J]. 土壤通报，2011，42(4): 958-961.

[137] 张信宝，李少龙，王成华，等．黄土高原小流域砂来源的 $^{137}Cs$ 研究 [J]. 科学通报，1989，34(3): 210-213.

[138] 张信宝，温仲明，冯明义，等．应用 $^{137}Cs$ 示踪技术破译黄土丘陵区小流域坝库沉积赋存的产沙记录 [J]. 中国科学 D 辑，2007，37(3): 405-410.

[139] 张信宝，文安邦，张云奇，等．川中丘陵区小流域自然侵蚀速率的初步研究 [J]. 水土保持学报，2006，20(1): 1-5.

[140] 张增祥，赵晓丽，陈晓峰，等．基于遥感和地理信息系统（GIS）的山区土壤侵蚀强度数值分析 [J]. 农业工程学报，1998(3): 59-68.

[141] 章文波，谢云，刘宝元．利用日雨量计算降雨侵蚀力的方法研究 [J]. 地理科学，2002，22(6): 705-711.

[142] 章文波，谢云，刘宝元．中国降雨侵蚀力空间变化特征 [J]. 山地学报，2003，21(1): 33-40.

[143] 赵晓丽，张增祥，刘斌，等．基于遥感和 GIS 的全国土壤侵蚀动态监测方法研究 [J]. 水土保持通报，2002，22(4): 29-32.

[144] 郑度，等．中国生态地理区域系统研究 [J]. 北京：商务印书馆，2008：1-387.

[145] 中国政府网，中国概况，2005. https://www.gov.cn/guoqing/.

[ 146 ] 中华人民共和国水利部 . 土壤侵蚀分类分级标准 [M]. 北京：中国水电出版社，1997：9-12.

[ 147 ] 中华人民共和国水利部 . 土壤侵蚀分类分级标准（SL 190-96）[ S ] .1997-02-13 发布，1997-05-01 实施 .

[ 148 ] 钟祥浩，王小丹，李辉霞，等 . 西藏土壤侵蚀敏感性分布规律及其区划研究 [J]. 山地学报，2003，21（增刊）：143-147.

[ 149 ] 钟祥浩 . 土壤侵蚀的评价 [J]. 山地研究，1987，5(2): 93-98.

[ 150 ] 周红艺，李辉霞，范建容，等 . 元谋干热河谷土壤侵蚀敏感性评价 [J]. 中国水土保持，2009(4): 39-41.

[ 151 ] 周璟，张旭东，何丹，等 . 基于 GIS 与 RUSLE 的武陵山区小流域土壤侵蚀评价研究 [J]. 长江流域资源与环境，2011，20(4): 468-474.

[ 152 ] 周佩华，王占礼 . 黄土高原土壤侵蚀暴雨标准 [J]. 水土保持通报，1987，7(1): 38-44.

[ 153 ] 朱显谟 . 黄土地区植物因素对于水土流失的影响 [J]. 土壤学报，1960，8(2): 110-121.